植物

侯元凯 周 娟 胡桂玲 / 编著

Plants Grand Banquet
World Celebrities
Talk about Plants

世界名人
说植物

倾听世界名人所述说的
植物智慧和
鲜为人知的植物秘密

盛宴

中国农业出版社
北京

内容提要

❖✕✕❖

　　过去一切时代的精华尽在书中，书中横卧着整个过去的灵魂。

——［英］托马斯·卡莱尔
（Thomas Carlyle，1795—1881）

　　数百年来，无数超越时代的经典之作薪火传承，丰富着我们的知识，铸就了我们的灵魂。

　　本书是一部面向中小学生的植物科普读物。作者收集了中外文学家及科学家有关植物诗文及植物科学的论述，将人文、科学与奇妙的植物世界所涉及的知识点巧妙地结合起来，使中小学生在掌握植物知识的同时也收获人文知识。本书可作为中学生生物课和小学生语文写作课、自然科学课的拓展读物。

前言

　　植物乃天地之至美，科学家凭借敏锐的洞察力，用文字记录了它们的众多秘密，文学家用无与伦比的修辞为它们吟出了一首首意境深幽、流传千古的诗句。植物给人们以启迪。

　　流转的季节，独特的自然风景，都有植物的影子，例如"林枫欲老柿将熟，秋在万山深处红"；又如"一年好景君须记，最是橙黄橘绿时"。本书中收集了中外文学家有关植物诗文及科学家有关植物的科学论述，作者通过图文结合的方式，分门别类地将人文和科学与植物所涉及的知识点巧妙地结合起来，使读者在掌握植物知识的同时也收获了脍炙人口的人文经典。本书可作为中学生生物课和小学生写作课、自然科学课的拓展读物。

　　在本书著述过程中，笔者亲临国内外多地对植物进行实地考察，并拍摄了大量的植物图片。考察的山系包括喜马拉雅山、昆仑山、大兴安岭、小兴安岭、太行山、秦岭、横断山脉、十万大山、大别山、天山、祁连山等；考察的植物园包括北京植物园、南京中山植物园、华南国家植物园、仙湖植物园、西双版纳热带植物园、中国科学院武汉植物园、上海辰山植物园、兴隆热带植物园、成都植物园、厦门园林植物园、厦门华侨亚热带植物引种园、海南热带植物园等；考察的世界园艺博览会包括昆明、沈阳、西安、北京世界园艺博览会。国外分别考察了俄罗斯、日本、泰国、澳大利亚、新西兰、德国、奥地利、法国、意大利、加拿大等国的植物。笔者还与相关专家与学者进行了百余次的学术交流。

这里要感谢郑州市勤礼外语中学侯聿祯、西藏民族大学韩笑、河南农业大学陈岚琪、郑州大学邓芳与笔者一起参与或协助相关植物图片的拍摄。

侯元凯

2023 年 11 月 5 日于加拿大耶洛奈夫

目录

前言

二、什么是植物 / 047

三、植物与人类 / 085

四、植物分类 / 133

五、植物与环境 / 151

六、植物的生活　/ 203

七、植物的智慧　/ 231

一、植物的起源与进化

01 宇宙的起源

宇宙可能起源于137亿年前的一次大爆炸，这次爆炸是由一个密度及温度极高的状态演变而来的，引起这次大爆炸的原因不得而知。

天地四方曰宇，往古来今曰宙。

——战国·尸佼《尸子》

天，积气耳，亡处亡气。

——战国·列子《列子》

"嘭"一下炸出个宇宙，电闪雷鸣又劈出了生命。人啊，站起来！露西带着钻石在天上飞……

——[美] 美国迪亚格雷集团《起源与进化》（胡煜成 译）

啊！宇宙遥远而无垠，肉眼永不能探求其究竟！

……

看，那演变中的大自然向它伟大的目标运动，一个被吸引的，又把别的吸引，努力塑造自己，还把附近的拉近。物质千变万化，一齐涌向中心。

——[英] 亚历山大·蒲柏

这个覆盖众生的苍穹，这一顶壮丽的帐幕，这个金黄色的火球点缀着的庄严的屋宇，只是一大堆污浊的瘴气的集合。

——[英] 威廉·莎士比亚《哈姆雷特》

太阳系是由一团星云演变来的。这团星云由大小不等的固体微粒组成，"天体在吸引力最强的地方开始形成"，引力使微粒相互接近，大微粒吸引小微粒形成较大的团块，团块越来越大，引力最强的中心部分吸引的微粒最多，首先形成太阳。外面的微粒在太阳的吸引下向中心体移动，受到其他微粒的碰撞而改变方向，改为绕太阳做圆周运动，这些绕太阳运转微粒逐渐形成几个引力中心，最后凝聚成绕太阳运转的行星。

——［德］伊曼努尔·康德《宇宙发展史概论》

（上海外国自然科学哲学著作编译组 译）

太阳系起源的一种假设（2004年盛然绘）

人物简介

尸佼　战国时期政治家，先秦诸子百家之一。主要作品是《尸子》。

列子　战国前期思想家，是老子和庄子之外的又一位道家思想代表人物。主要作品是《列子》。《列子》是中国古代先秦思想文化史上著名的典籍。

亚历山大·蒲柏（Alexander Pope，1688—1744）　英国诗人，杰出的启蒙主义者，推动了英国新古典主义文学发展。代表作品有《夺发记》《愚人志》。

亚历山大·蒲柏

威廉·莎士比亚（William Shake-speare，1564—1616）　英国文学史上杰出的戏剧家，也是欧洲文艺复兴时期伟大的作家，世界卓越的文学家。

伊曼努尔·康德（Immanuel Kant，1724—1804）　德国古典哲学创始人。

伊曼努尔·康德

02 植物从哪里来

38亿年前，地球上出现生命，最早的生命是单细胞生物。27亿年前，真核生物出现。12.5亿年前，多细胞生物在海洋里出现。4.7亿年前，植物在陆地上出现。

往古者，所以知今也。

——汉·戴德《大戴礼记·保博篇》

事有古而可以质于今。

——唐·杨炯《梓州惠义寺重阁铭序》

所有的陆生植物都来源于一种绿藻——轮藻，它们于12亿年前首次出现在陆地上。

……

被子植物首次出现在1.25亿年前，由那时起的250万年后，气候变化使被子植物迅速多样化，并成为最具优势且最常见的种子植物。

——[美] 迈克尔·C.杰拉尔德，格洛丽亚·E.杰拉尔德

《生物学之书》（傅临春 译）

因此我通过类比推断，地球上生活过的所有有机体都源自同一个原始形态，最先拥有生命的便是这个原始形态。

——[英] 查尔斯·罗伯特·达尔文《物种起源》（钱逊 译）

地球无生命的场景（摄于新西兰）

种子出现的五千万年后，首批针叶树于石炭纪登场。

……

首批开花植物出现在五千万年内，被子植物大举扩张，最后在树的世界占据了压倒性的支配地位——至少就它们所产生的乔木、灌木的种类多样性和分布范围来看是如此。

——［英］马克斯·亚当斯《树的智慧》（林金源 译）

【植物之最】 最古老的裸子植物

4亿年前，即古生代后期的泥盆纪，裸子植物可能起源于古蕨。泥盆纪出现的种子蕨可能是向裸子植物演化的过渡类型。

人物简介

迈克尔·C.杰拉尔德（Michael C.Gerald） 美国康涅狄格大学药学院教授。

查尔斯·罗伯特·达尔文（Charles Robert Darwin，1809—1882） 英国生物学家，进化论的奠基人。代表作品是《物种起源》（全名《论依据自然选择即在生存斗争中保存优良族的物种起源》）、《动物和植物在家养下的变异》等。

查尔斯·罗伯特·达尔文

马克斯·亚当斯（Max Adams，1961—）出生于伦敦，是一位备受赞扬的考古学家和传记作者。

03 煤炭的演化

在整个地质年代中，全球范围内有三个大的成煤期：古生代的石炭纪和二叠纪，成煤植物主要是孢子植物，主要煤种为烟煤和无烟煤；中生代的侏罗纪和白垩纪，成煤植物主要是裸子植物，主要煤种为褐煤和烟煤；新生代的第三纪，成煤植物主要是被子植物。主要煤种为褐煤，其次为泥炭，也有部分年轻烟煤。

煤炭开采

人事有代谢，往来成古今。

——唐·孟浩然《与诸子登岘山》

凿开混沌得乌金，蓄藏阳和意最深。爝火燃回春浩浩，洪炉照破夜沉沉。

——明·于谦《咏煤炭》

一座石炭纪时期煤炭森林的典型景象，展现了一个以蕨类植物、木贼类植物和其他孢子植物为主，有很多沼泽地的世界。

——[美]索尔·汉森《种子的胜利：谷物、坚果、果仁、豆类和核籽如何征服植物王国，塑造人类历史》（杨婷婷 译）

煤炭是一种可转移的气候。它将热带的能量带到加拿大的不拉多与极圈。它本身就是自己的运输工具。火车与轮船以煤炭为燃料来运输煤炭，令加拿大如印度的加尔各答般温暖。

——[美]拉尔夫·沃尔多·爱默生《生活的准则》（高萍 译）

化石燃料或取得放射性衰变所释放的能量，都是一次性的。可再生能源是可以自然补充的——太阳能可立即补充，生物燃料则需要数个月或数年的时间。

——[英]艾米·简·比尔《嘭！大自然超有趣》（林洁盈 译）

（鳞木是）古老、巨大、快速生长并为工业社会提供燃料的植物。

——[英]克里斯托弗·劳埃德《影响地球的100种生物：跨越40亿年的生命阶梯》（雷倩萍，刘青 译）

形成单一煤层所需的大量植物残骸使人们相信，石炭纪时期的植被比地球历史上任何一个时期的植被都更为丰富和茂盛，这些植被在炎热多云的气候条件下生长在大范围的沼泽地中。

——[美]爱德华·威尔伯·贝里《古植物学》（杨婷婷 译）

【植物之最】最早的成煤植物

3.6亿～4亿年前，木贼纲是石炭纪时期重要成煤植物。成煤植物主要是沼泽森林的建群种，有鳞木、印封木、芦木、窝木、树蕨、种子蕨、科达树等。

鳞木化石

鳞木化石（摄于大同市博物馆）

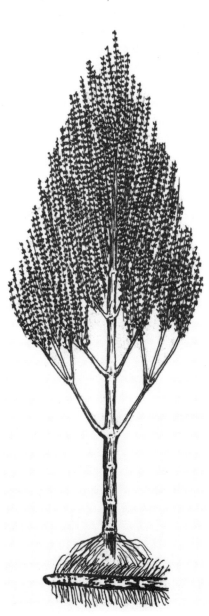

芦 木

鳞木示意图

鳞木复原图

人物简介

　　孟浩然（689—740）　唐代著名的山水田园派诗人。主要作品有《孟浩然集》。

　　于谦（1398—1457）　明代军事家、政治家。主要作品有《石灰吟》。

　　索尔·汉森（Thor Hanson, 1950—）　美国生物学家，野生动物保护者。

索尔·汉森

拉尔夫·瓦尔多·爱默生（Ralph Waldo Emerson，1803—1882） 美国散文作家、思想家、诗人。代表作品有《论自然》。

艾米-简·比尔（Amy-Jane Beer，1970—） 英国著名生物学家，作家、编辑。

克里斯托弗·劳埃德（Christopher Lloyd） 英国著名的历史学家、教育家、园艺作家，1997年被授予皇家园艺学会荣誉勋章，2000年被授予大英帝国勋章。

爱德华·威尔伯·贝里（Ed-ward Wilbur Berry，1875—1945） 美国古生物学家。

拉尔夫·瓦尔多·爱默生

克里斯托弗·劳埃德

爱德华·威尔伯·贝里

04 植物化石

现今人类所知道的远古生物，都是化石指点迷津的结果。化石是地层中古代生物的遗体、遗物或生活痕迹。硅化木是数亿年前的树木埋藏地下后，被二氧化硅充填或替换的化石木。

化石可以用来显示和证明生物从32亿年前生命诞生之初以来是如何变化的。

……

古森林博物馆展示的树木化石

武汉自然博物馆展示的硅化木，产于新疆奇台，侏罗纪，总长37米，根部最大直径2.7

　　化石为不同地质年代的各种植物亲缘关系提供了坚实的证据。最早的被子植物的起源和形态在达尔文时代之前一直是一个谜。这个长期以来的谜团在人们发现最古老的显花植物古果的化石后终于得以解开。

——［美］约翰·克雷斯，［英］雪莉·舍伍德

《植物进化的艺术（典藏版）》（陈伟 译）

深圳仙湖植物园树木年轮化石

辽宁古果化石（摄于武汉自然博物馆）

万事翻覆如浮云，昔人空在今人口。

——唐·岑参《梁园歌，送河南王说判官》

【植物之最】古老的被子植物化石

辽宁古果（*Archaefructus liaoningensis*）生存年代在距今 1.45 亿年的中生代。辽宁古果化石是第一个被发现的被子植物化石。

人物简介

约翰·克雷斯（W. John Kress，1951—）国际著名植物系统与进化生物学家，美国史密森研究院国家自然历史博物馆教授、植物部主任、国家标本馆馆长。结合繁殖生物学特性对姜目植物进行了系统的研究，特别是在世界海尼康属植物的传粉生物学和协同进化上的研究取得了一系列的重大研究成果。

约翰·克雷斯

雪莉·舍伍德（Shirley Sherwood，1933—）英国植物艺术收藏家及策展人，牛津大学博士学位，从20世纪90年代起游历全球，收藏了大量来自不同国家的众多艺术家的植物绘画作品。

雪莉·舍伍德

05 恐龙的食物

恐龙是中生代时期的一类庞大的爬行动物，拥有四肢和尾巴。1841年，英国科学家理查德·欧文（Richard Irving）把它们命名为恐龙，意思是"恐怖的蜥蜴"。恐龙约在6500万年前的白垩纪结束的时候突然全部消失。

密林丰薮蔽天日，冥云玄雾迷羲和。
兽蹄鸟迹尚无朕，恐龙恶蜥横驱娑。

——胡先骕《水杉歌》

广州长隆野生动物园里的刚出生恐龙的模型

丛林里的霸王龙（复原图）

　　（竹子是）禾本科的祖先，演化出可以抵御食草恐龙惊人胃口的特殊防御机制。

　　　　　　——［英］克里斯托弗·劳埃德《影响地球的100种生物：

　　　　　　　　　跨越40亿年的生命阶梯》（雷倩萍，刘青 译）

【植物之最】恐龙喜食的植物

　　从大约2.3亿年前开始，在之后的1.35亿年中，恐龙在陆生脊椎动物中占据霸主地位。它们有些以植物为食，有些以动物为食。以植物为食的大型恐龙，凭借长颈可取食到长在桫椤顶的大型羽叶。

　　桫椤（*Alsophila spinulosa*），别名蛇木、树蕨等，茎干高6米，直径10～20厘米。是当前仅存的木本蕨类植物，与恐龙同时代，有活化石之称。

摄于成都植物园

摄于新西兰

桫 椤

人物简介

胡先骕（1894—1968） 中国植物分类学的奠基人。代表作品是《植物分类学简编》。首次鉴定并与郑万钧联合命名"水杉"和建立"水杉科"。创办中国第一个生物学系。创办庐山森林植物园。

胡先骕

06 物种起源

英国生物学家查尔斯·罗伯特·达尔文发表的《物种起源》是一部系统阐述生物进化理论基础的著作，于1859年在伦敦出版。

物种起源是一种自然现象。

——[法] 让-巴蒂斯特·皮埃尔·安托万·德·莫奈-拉马克

物种起源是一个需要探究的对象。

——[英] 查尔斯·罗伯特·达尔文

物种起源是一个需要实验研究的对象。

——[荷兰] 雨果·德弗里斯

凡是那些存活下来的物种，不是最强壮的种群，也不是智力最高的种群，而是对变化做出最积极反应的物种。

……

物竞天择，适者生存。

……

一切为了生存。

……

当有限的资源将所有的生命都逼上生存竞争的战场，只有受到自然偏爱的物种才能够存活下来，在自然选择的法则下开始物种起源。

……

生物与其周围的环境有着极其复杂的联系，在不断同周围的环境进行着斗争。这样的斗争称为生存斗争或生存竞争。

在生存斗争中，对生物有利的变异得到了保留并遗传给后代；对生物不利的变异则遭到了淘汰。这就叫作自然选择或适者生存。

……

通过长期的、多代的自然选择、变异积累下来，就逐渐形成了新的物种。

……

自然选择使不断变化的生物适应于不断变化的环境，所以生物永远在发展进化之中，不会停留在一个水平上。

……

我们能够轻易地知道，生存竞争的一个动因肯定是生物界极为常见的几何级数的繁衍方式。若每一种生物都能被放任，都按照它们生殖的数量茁壮成长且迅速繁衍，在不存在任何例外的情况下，则只需要一对祖先，其子孙便能很快覆盖整个地表。总的来说，人类属繁衍速度较慢的生物，但也仅仅只需二十五年，便能将数量翻上一番，按照这个增长速度，只要过个一两千年，人类的子孙便会"无立锥之地"。

生物诞下的后代远远超过可能存活下来的数量，存活下来的就必须在各种场合中为了生存而斗争。要么跟同种的另一个个体斗争，要么和一个来自遥远纲目的个体斗争，要么跟自己生存的自然环境斗争。

……

自然界中的所有生物，必须适应环境才能生存下来。更多的生物为了繁衍足够强壮的后代，对异性的选择特别讲究。

这主要体现在，诸多雄性个体为了取得与雌性交配的权利，彼此之间要展开激烈的斗争。自然界严格遵循着"优胜劣汰，适者生存"的法则。

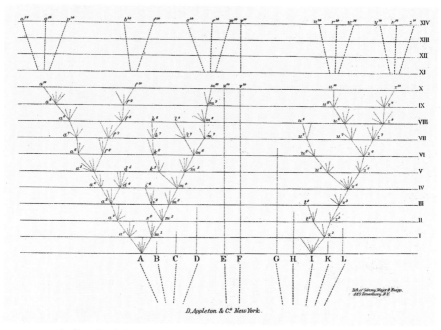

　　1860年美国版《物种起源》中的一张图表，展示了达尔文的进化论，字母（A～L）表示一个属的一个物种，相邻罗马数字之间代表间格一千代

　　……

　　"进化"的意思是发展，这个词被用来描述所有生物随时间推移而变化的现象，其理论有三个主要部分：一是变异，所有生物的大小、形状、颜色和力量都不同，世上没有任何两棵植物完全相同；二是适应，适应会影响生物的生存和繁殖；三是遗传，即生物生存的适应性（如颜色或形状），可能会遗传给后代。正是这种进化进程，使今天的地球上有了几百万种不同的动植物。

　　……

　　最严重的生存斗争发生在同一物种的成员中，因为它们具有相同的表型和生态需求。

　　　　——［英］查尔斯·罗伯特·达尔文《物种起源》（钱逊 译）

生命是整个对立面的结合……只要内在的东西和外在的东西、原因和结果、目的和手段、主观性和客观性等是同一个东西，就会有生命。

……

进化的进程是这样的：首先出现的是湿润含水的产物，水中出现了植物、水螅类和软体动物，然后出现了鱼类，随后是陆生动物，最后从这些动物中产生了人……

——[德] 格奥尔格·威廉·弗里德里希·黑格尔《自然哲学》

生物首先是一条通道：生命的本质就在于那个传送生命的运动……若将生命看作各个物种之间的过渡，那么生命就是一种连续生长的行动。但是，生命通过的每个物种都仅仅以其自身的便利为目标。

——[法] 亨利·柏格森《创造进化论》（刘霞 译）

从人类追踪到水螅，从水螅追踪到苔藓，到地衣，最后到自然中最低级的为我们所察觉到的种类，在这里我们就达到了粗糙的物质。

——[德] 伊曼努尔·康德《判断力批判》（邓晓芒 译）

这就是"创造论者"对下列问题可接受的解释：为什么会有这么多不同种类的生物？因为它们生存的环境如此多样。为什么生物能很好地与环境相协调？因为造物主就是这么制造它们的。为什么存在相似性，能将所有物种关联起来？创造论者常用的论证是，上帝实际上只用了一个蓝本，从中衍生出来不同的身体结构形式。后世的创造论者还在使用佩利的怀表类比和前达尔文时期创造论者的其他论据。最初费尽心思去调和自然事实和古老的《圣经》故事的是一批思辨自然主义者，但到了19世纪中期，他们很快就退让给了一群全新的继任者。继任者为上面三个问题寻找自然的而非超自然的答案。其中的翘楚当数查尔斯·罗伯特·达尔文。他那最后一击切断了西方思想对自然现象的超自然解释由来已久的依赖。

——[美] 尼尔斯·艾崔奇《灭绝与演化：化石中的生命全史》

【植物之最】进化论的奠基人

查尔斯·罗伯特·达尔文曾经乘坐贝格尔号舰进行了历时5年的环球航行，对动植物和地质结构等进行了大量的观察和采集。达尔文以自然选择为中心，从变异性、遗传性、人工选择、生存竞争和适应性等方面论证物种起源。

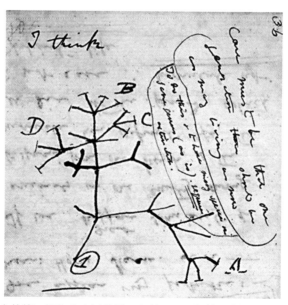

达尔文的第一幅生命之树草图，在他1837年的一本笔记本中发现

人物简介

让-巴蒂斯特·皮埃尔·安托万·德·莫奈-拉马克（Jean-Baptiste Pierre Antoine de Monet-Lamarck，1744—1829）法国生物学家，提出了用进废退与获得性遗传两个法则。代表作品有《动物哲学》。

雨果·德弗里斯（Hugo de Vries，1848—1935）荷兰植物学家和遗传学家。代表作品有《突变理论》。

格奥尔格·威廉·弗里德里希·黑格尔（Georg Wilhelm Friedrich Hegel，1770—1831）德国哲学家，代表作品有《精神现象学》等。

亨利·柏格森（Henri Bergson，1859—1941）法国哲学家、作家，1927年凭借哲学著作《创造进化论》获诺贝尔文字奖。

尼尔斯·艾崔奇（Niles Eldredge，1943—）美国古生物学家。

让-巴蒂斯特·皮埃尔·安托万·德·莫奈-拉马克

雨果·德弗里斯

格奥尔格·威廉·弗里德里希·黑格尔

07 生命起源的挑战

　　5.3亿～5.42亿年前，寒武纪地层在2 000多万年时间内突然出现门类众多的无脊椎动物化石，而在更为古老的地层中，没有找到其明显的祖先化石。

寒武纪时期的动物化石

在时间的长河，生命只留下些微的信息，我们所面对的是无数的知识空白，在中国的澄江，有一特异的化石宝库，其中所珍藏的亘古之秘，使我们终于知道，在地球上共存的生物，原来在五亿三千万年前，曾经来自一个共同的起点。

——陈均远等《澄江生物群：寒武纪大爆发的见证》

1965年，法国生物化学家莫诺（Jacques L·Monod，1910—1976）在回答生物学还剩下什么基本问题没有解决时，说："有两个问题，一个是在进化最低和最简单的层次，就是生命的起源；另一个是在进化最高和最复杂的层次，就是大脑的运作。最简单的层次可能是最难研究的，因为最简单的细菌都已经是进化了数十亿年的产物，距离生命起源已经非常非常遥远。"

莫 诺

……

法国生物化学家莫诺认为研究生命起源面临的最大挑战：密码怎么会出现在生物体中呢？密码不是可以刻意设计的吗？原始的生物是如何"发明"用四种碱基编码20个氨基酸的呢，这样的密码系统及精密的翻译机器是怎么进化来的呢？

——陈文盛《基因前传：从孟德尔到双螺旋》

如果你问我的是有没有上帝呢，如果你所谓的上帝是一个人形状的，那我想没有；如果你问的是有没有一个造物者，那我想是有的，因为整个世界的结构不是偶然的。

——杨振宁

所有的事物都受时间和空间的束缚。科学家所研究的动物、植物或微生物都只是变化万千的进化链的一环，没有任何永久的意义。即使他接触的各种分子及化学反应，也不过是今日的流行，都会随着进化的进行而被取代。他所研究的生物并不是一种理想生物的特殊表现，而是整个广无边际、相互关联、相互依赖的生命网的一条线索而已。

——［德］马克斯·德尔布吕克

【植物之最】生命科学最难解之题

诞生至今只有200万年的人类，至1万年前才进化成现代智人；5000年前，人类才开始有记录思想及生活的文字；近70年自然科学才有所发展；在个人的寿命不足百年的时间里，探索数十亿年前生命的起源，常常使人落入时间和空间的迷雾之中。

人物简介

陈均远（1939—）　中国科学院南京地质古生物研究所研究员，中国古生物学家、地层学家、演化生物学家。代表作品有《动物世界的黎明》。

陈文盛　中国台湾阳明大学遗传所及生命科学系教授。

杨振宁（1922—）　美籍华裔理论物理学家。

马克斯·德尔布吕克（Max Delbruck，1906—1981）　美籍德裔生物学家，分子生物学的先驱。

马克斯·德尔布吕克

08 植物在进化中

随着地球环境的变迁，原有植物的优势在发展过程中被另一类植物取代。植物进化经历了菌藻时代、蕨类时代、裸子植物时代、被子植物时代。

植物家族的起源与演化（摄于成都植物园）

经过了那个属于大自然的、具有宽裕时间的时代，生命达到了与破坏力量相适应的状态；选择性地淘汰了那些适应能力差的物种，而只让那些最具有抵御能力的种类活下来。

——［美］蕾切尔·卡森《寂静的春天》（吕瑞兰，李长生 译）

进化的条件首先是同一物种的个体数量达到一定的规模；其次是不同个体身上具有不同的性状特征，而这些性状特征可以世代遗传；最后，具有其中某些性状特征的个体的存活率和繁殖率比具有另一些性状特征的个体更高。

—— [美] 约翰·克雷斯，[英] 雪莉·舍伍德

《植物进化的艺术（典藏版）》（陈伟 译）

生物学家们必须时刻牢记他们所看到的并不是设计出来的，而是进化出来的。

—— [英] 弗朗西斯·哈利·康普顿·克里克

【植物之最】最原始的被子植物

无油樟（*Amborella trichopoda*）是现存被子植物中已知最早和其他被子植物分开演化的，它与其他被子植物没有明显的亲缘关系。在2003年以后，无油樟被认为可能是被子植物里最原始的类群。

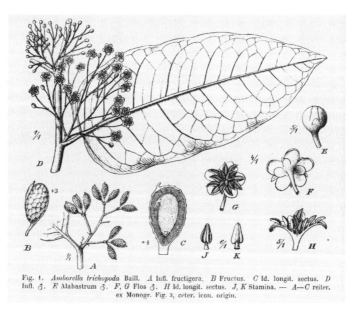

无油樟

人物简介

蕾切尔·卡森（Rachel Carson，1907—1964） 美国海洋生物学家，环保运动先驱、科普作家。

弗朗西斯·哈利·康普顿·克里克（Francis Harry Com-pton Crick，1916—2004） 英国生物学家、分子物理学家及神经科学家。1953年在剑桥大学卡文迪许实验室与詹姆斯·沃森共同提出了脱氧核糖核酸（DNA）分子的双螺旋结构模型。

蕾切尔·卡森

弗朗西斯·哈利·康普顿·克里克

09 种瓜得瓜，种豆得豆

在生物繁殖过程中，亲代与子代之间及子代个体之间性状存在相似性，表明性状可以从亲代传递给子代。目前，已知地球上现存的生命主要是以DNA作为遗传物质。

种瓜还得瓜，种豆还得豆。

——元末明初·施耐庵《水浒传》

豌豆开花花蕊红，太平军哥哥一去无影踪。我做件新衣等他穿，我砌间新屋留他用。只见雁儿往南飞，不见我哥哥回家中。

豌豆开花花蕊红，太平军哥哥一去无影踪。我早上等到黄昏后，我三月等到腊月中。只见雁儿往南飞，不见我哥哥回家中。

——清·民歌

经过挑选用于杂交的各种豌豆，在茎的长度和颜色上，在大小和叶片形状上，在花的位置、颜色、大小上，在花梗的长度上，在豆荚的颜色、形状和大小上，在种子的形状和大小上，表现出差异……

——[奥地利] 格雷戈尔·约翰·孟德尔《植物杂交实验》

(杨婷婷 译)

遗传规律的精准不仅颠覆我们的世界观，同时也成为人类征服自然界的强大武器，而这种超凡的预见力令其他任何学科均相形见绌。

——[英] 威廉·贝特森（马向涛 译）

高深莫测的遗传学是等待开发的知识宝藏，它是跨越生物学与人类学的边缘科学，目前我们在实践领域还处于柏拉图时代的懵懂阶段，简而言之，尽管人们非常看重化学、物理等技术与工业学科，但是无论它们是否已经得到应用，其重要性都无法与遗传学相提并论。

     —— [英] 赫伯特·乔治·威尔斯（马向涛 译）

  究其根本，人类不过是携带基因的载体与表达功能的通路。基因是自然界万物生长的源泉，而我们就像是风驰电掣的赛马，在转瞬间前赴后继、薪火相传。我们只是这些遗传物质的最终表现形式。

     —— [日] 村上春树《1Q84》（马向涛 译）

  你的身体里流淌着祖先的血脉。

    —— [希腊] 墨奈劳斯·斯蒂芬尼德斯《奥德赛》（马向涛 译）

  改良环境和教育功在当下，而改良的血统则利在千秋。

      —— [英] 赫伯特·瓦尔特（马向涛 译）

  音容笑貌源自传承，时移世变依然如旧。

      —— [英] 托马斯·哈代《遗传》（马向涛 译）

【植物之最】最早的植物杂交

  1694年，德国植物学家鲁道夫·雅各布·卡梅拉里乌斯（Rudolf Jakob Camerarius）发表的《植物的性》验证了花朵和植物性别的关系；研究了植物的雄蕊和雌蕊，并进行了植物杂交实验。

【植物之最】遗传规律的发现

  1856—1863年，奥地利遗传学家格雷戈尔·约翰·孟德尔进行了长达8年的豌豆（*Lathyrus odoratus*）杂交实验，通过分析实验结果，发现了生物遗传的规律。1865年他在《植物杂交试验》中提出了遗传学的分离定律、自由组合定律和遗传因子学说。

人物简介

施耐庵（1296—1370） 元末明初小说家。著有《水浒传》。

格雷戈尔·约翰·孟德尔（Gregor Johann Mendel，1822—1884） 奥地利遗传学家，遗传学的奠基人。代表作品有《植物杂交试验》。

施耐庵

威廉·贝特森（William Bateson，1861—1926） 英国遗传学家。他首先提倡将生物学的方法运用到遗传学中，采用"遗传学"这一名词，并确立了现代遗传学的许多基本概念。代表作品有《捍卫孟德尔遗传学原理》《遗传学的方法与仪器》等。

赫伯特·乔治·威尔斯（Herbert George Wells，1866—1946） 英国著名小说家。代表作品有《时间机器》《莫洛博士岛》《隐身人》等。

孟德尔

村上春树（1949— ） 日本当代小说家。代表作品有《刺杀骑士团长》《1Q84》《海边的卡夫卡》等。

托马斯·哈代（Thomas Hardy，1840—1928） 英国诗人、小说家。代表作品有《德伯家的苔丝》《无名的裘德》《还乡》《卡斯特桥市长》等。

威廉·贝特森

10 染色体上的基因

　　染色体是细胞在有丝分裂或减数分裂时DNA存在的特定形式。基因是具有遗传信息的DNA片段。基因储存着生命的种族、血型、孕育、生长、凋亡等过程的全部信息。生物体的生、长、衰、病、老、死等一切生命现象都与基因有关。

　　地球上的生物，种类之多，令人目不暇给，但在分子水平上，却是如此一致，它们都以DNA作为生命的"设计手册"，都以同样的氨基酸种类构成蛋白质，从细菌到人类，从离离细草到奔腾的鹿群，都源自同一个祖先。

——朱钦士《生命通史》

　　植物或动物有许多共同点。例如，它们都使用脱氧核糖核酸作为遗传物质。使用相同的密码为蛋白质中的氨基酸序列编码，用相同的20种氨基酸组成蛋白质。都通过电子传递链将食物分子中的化学能合成高能化合物三磷酸腺苷，都用磷脂构建生物膜……此外，地球上的生物除了病毒之外都是由细胞组成的。

——朱钦士《纷乱中的秩序 主宰生命的奥秘》

　　基因是什么？它们是真实的或者是纯粹虚构的，遗传学家之间没有达成共识。因为从遗传实验的层次上看，基因到底是假设的单位或者是实质的粒子都不会造成丝毫不同。

—— [美] 托马斯·亨特·摩尔根

（1933年获得诺贝尔奖时的演讲）

　　把一段铁轨沿着中线扭一下，就得到了一段双螺旋。这两条铁轨，我们称之为"脱氧核糖-磷酸骨架"，而中间的每一条枕木，则是由可配对的两个碱基（腺嘌呤必须与胸腺嘧啶配对，鸟嘌呤必须与胞嘧啶配对）通过氢键连接而成的。不要小看"配对"这个词，正是因为这种匹配的专属特异性，才使得遗传可以高保真发生，才使得生命语言得以高效率传递。

——［美］詹姆斯·杜威·沃森等《双螺旋》推荐序

"原子"的发现带来物理学的革命，"字节"的发现带来互联网的革命，"基因"的发现带来生物学的革命。破解了基因的运行机制，也就破解了生命的奥秘。

——［美］悉达多·穆克吉《基因传：众生之源》（马向涛 译）

现在人们可以从万物中创造旋律。

——［美］理查德·鲍尔斯《奥菲奥》（马向涛 译）

自然界已经为蛋白质分子设计了某种装置，它可以通过某种简明扼要的途径来诠释其灵活性与多样性。只有充分地把握这种特殊的优势组合，我们才能以正确的视角来认识分子生物学。

——［英］佛朗西斯·哈利·康普顿·克里克（马向涛 译）

弗朗西斯·克里克

早期地球上的遗传信息多么分散，却存在于过去、现在以及未来的所有生命体中。

——［英］克里斯托弗·劳埃德《影响地球的100种生物：跨越40亿年的生命阶梯》（雷倩萍，刘青 译）

你的生身父母，他们应负责任。尽管并非有意，但是事与愿违。他们把自身的缺憾全部赋予你。而你不甘寂寞，平添不少毛病。

——［英］菲利普·拉金（马向涛 译）

病毒是被坏消息包裹着的一片核酸。

——［英］彼得·梅达沃

【植物之最】遗传学巨人

美国生物学家托马斯·亨特·摩尔根（Thomas Hunt Morgan）发现了染色体的遗传机制，创立染色体遗传理论。

【植物之最】DNA是主要遗传物质的发现

1952年，美国遗传学家艾尔弗雷德·戴·赫尔希（Alfred Day Hershey）和玛莎·蔡斯（Martha Chase）进行了噬菌体侵染细菌的

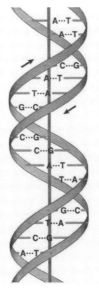

沃森与克里克的双螺旋模型。中间的垂直线是双螺旋的轴，双股以相反方向（箭头）围着轴缠绕，碱基在两股之间配对。［引自詹姆斯·粒威·沃森《双螺旋》（刘望夷 译）］

实验，证明了DNA是遗传物质。1956年，美国生物化学家H.L.弗伦克尔-康拉特和B.辛格进行了烟草花叶病毒侵染烟草（*Nicotiana tabacum*）实验，证明了RNA也是遗传物质，最终明确DNA是主要遗传物质。

人物简介

朱钦士　美国南加州大学医学院副教授。

托马斯·亨特·摩尔根（Thomas Hunt Morgan，1866—1945）　美国遗传学家。代表作品有《进化与适应》《实验胚胎学》《基因论》。

托马斯·亨特·摩尔根

悉达多·穆克吉（Siddhartha Mukherjee）　美籍印度裔医生、科普作家。

理查德·鲍尔斯（Richard Powers，1957—）美国作家。

菲利普·拉金（Philip Larkin，1922—1993）　英国诗人。代表作品有《北方船》《较少受欺骗的人》《降灵节婚礼》等。

彼得·梅达沃（Peter Medawar，1915—1987）　英国免疫学家。

悉达多·穆克吉

11 与动物最近缘的生物

真菌是一种真核生物。真菌细胞具有以甲壳素为主要成分的细胞壁，与主要是由纤维素组成的植物细胞壁不同。

灵芝（模型）

真菌细胞不含叶绿体，是典型的异养生物（摄于秦岭）

雪尽收茶早，云晴拾菌鲜。

——宋·释彦强《山居》

虽然以往传统上将真菌归为植物，但现在植物学家和科学家普遍认为它们根本不是植物，因为它们缺乏光合作用的能力，没有细胞壁。真菌现在被置于植物进化树的基部，作为动物的一个古老分支，以此来提醒人们，真菌不是植物，它们与动物的共性多于与植物的共性。

——[美]约翰·克雷斯，[英]雪莉·舍伍德
《植物进化的艺术（典藏版)》（陈伟 译)

在至少14亿年前，它们和动物一样，是由一个共同的水生单细胞祖先进化而来的。陆生真菌最古老的化石有4.6亿年的历史了。

——[美]迈克尔·C.杰拉尔德，格洛丽亚·E.杰拉尔德
《生物学之书》（傅临春 译)

原杉藻是以生命在陆地上开拓道路的巨型真菌。

——[英]克里斯托弗·劳埃德《影响地球的100种生物：
跨越40亿年的生命阶梯》（雷倩萍，刘青 译)

【植物之最】生物大分工

12亿年前，原始单细胞动物出现后，生物的大分工就开始了。各种原始单细胞生物不同的营养方式导致了动物、植物的分化。绿色植物是自然界有机物的生产者。动物直接以植物或其他动物为食，是自然界有机物的消费者。细菌和真菌直接分解动植物遗体中的有机物而获得营养物质和能量，是自然界有机物的分解者。

12 没有根、茎、叶的植物

藻类体型大小各异。藻类没有真正的根、茎、叶，也没有维管束。藻类主要为水生，能进行光合作用，如紫菜。

> 海不辞水，故能成其大。
>
> ——春秋·管仲《管子·形势解》

藻类这个概念实际上是指代了几种互不相关的主要生活在水体中的植物，包括红藻、褐藻、硅藻和绿藻，它们每一种都具有

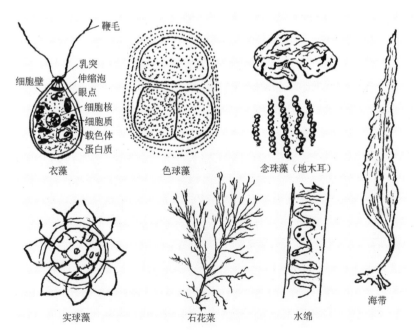

衣藻　　色球藻　　念珠藻（地木耳）

实球藻　　石花菜　　水绵　　海带

藻类都是水生的，有产于海洋的海藻，有生于陆水中的淡水藻

紫菜没有木质部和韧皮部

独特的光合作用形式和生命周期特点。

——［美］约翰·克雷斯，［英］雪莉·舍伍德

《植物进化的艺术（典藏版)》（陈伟 译）

低等植物产生孢子而非种子。孢子和种子一样含有长成新植物的遗传信息，但是孢子缺乏营养的供应。

……

绿藻是最低等的真正意义上的植物，接下来呈现在进化阶梯上的是苔藓植物，以苔藓或地钱为我们所知。与藻类不同，苔藓植物生长在陆地上，不过仍然需要潮湿的生长环境，它们没有合适的根，是用线状的假根紧紧地攀附在地面。

——［美］美国迪亚格雷集团《起源与进化》

（胡煜成 译）

在大约公元前23亿年时，大气中的氧气曾有一次巨大的提升，人们认为这是蓝藻细菌光合作用的结果，这个事件表明，藻类的进化史从25亿年前就开始了。10亿多年前，红藻和绿藻由一个共同的古老祖先进化而来，最早的红藻化石可以追溯到大约15亿年前。

———[美]迈克尔·C.杰拉尔德，

格洛丽亚·E.杰拉尔德《生物学之书》（傅临春 译）

如果没有无数的微型藻类品种，大型海洋生物就永远不会演化出现，更不用说存活至今。

———[英]克里斯托弗·劳埃德《影响地球的100种生物：

跨越40亿年的生命阶梯》（雷倩萍，刘青 译）

【植物之最】海洋里最大的植物

在春夏之际，巨藻（*Macrocystis pyrifera*）每天可生长2米，巨藻长可达300～400米，一株巨藻就能构成气势磅礴的"海底森林"。巨藻不论是长度还是生长速度，都堪称世界之最。

【植物之最】最古老的放氧生物

30亿年前，蓝藻就已存在于地球上，它是最早的放氧生物。地球表面从无氧的大气环境变为有氧环境，蓝藻起了巨大的作用。

13 植物界的拓荒者

苔藓是一种小型的绿色植物，仅包含茎和叶两部分，有时只有扁平的叶状体，没有真正的根和维管束，以孢子繁殖。苔藓喜欢阴暗潮湿的环境。若没有苔藓，地球至今还是不毛之地。

空山不见人，但闻人语响。返景入深林，复照青苔上。

——唐·王维《鹿柴》

生长在石头上的苔藓（摄于河南淅川）

青苔石上净，细草松下软。

　　　　　　——唐·王维《戏赠张五弟諲三首》

池上碧苔三四点，叶底黄鹂一两声，日长飞絮轻。

　　　　　　——宋·晏殊《破阵子·春景》

蜜露在石楠花上摇摇欲滴，

苔藓在荒原之上她娇艳灼灼。

她的羽毛平添春色荣耀，

啊，她想乘上翅膀飞行！

　　　　　　——[苏格兰] 罗伯特·彭斯《博尼尔摩尔的母鸡》

以前，人们将藓类、苔类和角苔类联系在一起，并将其合称为苔藓植物，处于植物进化树的基部位置。现在人们普遍认为，此三者并不属于同一个单系群。因此，不能将他们归为一个自然类群。

——［美］约翰·克雷斯，［英］雪莉·舍伍德
《植物进化的艺术（典藏版）》（陈伟 译）

莱尼蕨是已灭绝的"杂草"，是潮湿的苔藓向高大挺拔的树木转变的重要转折点。

——［英］克里斯托弗·劳埃德《影响地球的100种生物：
跨越40亿年的生命阶梯》（雷倩萍，刘青 译）

【植物之最】最低等的高等植物

苔藓是最低等的高等植物，可作为监测空气污染程度的指示植物。

人物简介

王维（约701—761） 唐朝著名诗人、画家。存诗400余首，代表作品有《相思》《山居秋暝》等。

晏殊（991—1055） 北宋著名文学家、政治家。存世的作品有《珠玉词》《类要》残本。

罗伯特·彭斯（Roert Burms, 1959—1796）苏格兰农民诗人。他复活并丰富了苏格兰民歌，代表作品《友谊地久天长》《两只狗》《一朵红红的玫瑰》等。

王 维

14 陆地上的首位"居民"

　　蕨类是泥盆纪时期低地生长的木生植物。蕨类植物有着一个世代交替的生命周期，由双套的孢子体和单套的配子体两者循环构成。蕨类植物经过"前赴后继"，终于成了陆地生活的首位"居民"。在裸蕨类植物"登陆"前后，另有一类叫"苔藓"的植物也"登陆"了。但它们始终没有摆脱阴湿的生活环境，直到今天，连个真正的根都未分化出来。

中华荚果蕨（*Matteuccia intermedia*）是泥盆纪时期的低地生长木生植物之一（摄于秦岭植物园）

　　先生亟去理山斋，　蕨春甜味正佳。一夜东风催变绿，　吹成竹蕨成柴。

　　　　　　　　　　　　　　　　——宋·姚勉《思江南笋蕨》

　　采采蕨萁，可以疗饥。以簸以炊，为饧为饴。

　　　　　　　　　　　　　　　　——明·刘仁本《蕨萁行》

蕨类是现存最古老的陆生植物类型，具有由韧皮部和木质部组成的微观系统，不同于由配子体作为植物主体的苔藓植物，蕨类植物叶片上的幼芽即为孢子体。蕨类植物依靠孢子繁殖，孢子生长于叶背面的一种特异化结构中。

——［美］约翰·克雷斯，［英］雪莉·舍伍德

《植物进化的艺术（典藏版）》（陈伟　译）

【植物之最】最高的蕨类植物

与当今世界上众多矮小的草本蕨类相比，桫椤是唯一的木本蕨类植物，茎干高达6米，挺拔而不分枝，许多大型羽状叶簇生于茎干顶部。

人物简介

刘仁本（1311—1367）　元代诗人。著有《海道漕运记》1卷。

姚勉（1216—1262）　宋代文学家，对程朱理学研究很深，曾被清文化殿大学士朱轼誉为"五盐之杰出者"。姚勉一生文章颇丰，有《雪坡文集五十卷》传世，后被收入《四库全书》和《豫章丛书》。

刘仁本

二、什么是植物

01 植　　物

在自然界，凡是有生命的机体，均属于生物。植物是相对于动物而言的。把行固着生活和自养的生物称为植物。植物可以分为种子植物、藻类植物、苔藓植物、蕨类植物等，据估计现存大约有45万种植物，其中种子植物25万种以上。

君不见，额琳之北古道旁，胡桐万树连天长。

交柯接叶万灵藏，掀天蹿地纷低昂。

矫如龙蛇欻变化，蹲如熊虎踞高岗。

嬉如神狐掉九尾，狞如药叉牙爪张。

——清·宋伯鲁《托多克道中戏作胡桐行》

树，画出一道风景，是因为它能被人类的眼睛看见。

树，写就一段历史，是因为它的年轮与人类的纪年暗脉相连。

树，示意一段地域，是因为它的分布中映射出人类跋涉的风情。

树，是人类生活中的一个不可或缺的存在，我们人类从树中获得了太多的视觉元素、历史启迪、地理征候还有精神营养。

——葛维屏《树的智慧》

欧洲赤松高傲得不可一世，浓密细致的羽状针叶高高耸立，融入湛蓝天空。

——[英]马克斯·亚当斯《树的智慧》（林金源 译）

每棵树，都有一个完整的世界。

——[英]乔纳森·德罗里《环游世界80种树》

（柳晓萍 译）

　　坚实可靠的树茎，积极向上的树枝，生机盎然的绿叶，娇艳美丽的花朵……植物的每个重要器官最初都是从胚芽发育而来的。

—— [法] 让-亨利·卡西米尔·法布尔

《法布尔植物记》（邢青青 译）

【植物之最】最大的草本植物

　　旅人蕉（*Ravenala madagascariensis*）高 5 ～ 6 米（原产地可高达 30 米），是世界上最大的草本植物。叶片基部像个大汤匙，体内储存着大量的水。

旅人蕉（摄于三亚）

【植物之最】最小的种子植物

　　芜萍（*Wolffia arrhiza*）无根无叶脉，叶状体卵状半球形，直径 0.5 ～ 1.5 毫米，世界上最小的种子植物。花只有针尖般大，是世界上最小的花。

无根萍（摄于河南邓州）

人物简介

宋伯鲁（1854—1932）　清光绪进士。代表作品有《新疆建置志》。

宋伯鲁

葛维屏　中国金融作家协会会员、江苏作家协会会员。代表作品有《好女孩，谁赐我？》。

乔纳森·德罗里（Jonathan Drori）　伦敦林奈学会会员，曾作BBC（英国广播公司）金康片制片人。

让·亨利·卡西米尔·法布尔（Jean-Henri Casmir Fabre，1823—1915）　法国博物学家、动物行为家、昆虫学家、科普作家、文学家。成名作品是《昆虫记》。

02 寻　　根

　　根通常向地下伸长，负责吸收土壤里面的水分及溶解在其中的无机盐，并且具有支持、繁殖、储存、合成有机物质的作用。有些植物的根，在形态、结构和生理功能上，都出现了很大的变化，这种变化称为变态。变态是长期适应环境的结果，这种特性形成后，相继遗传，成为稳定的遗传性状。常见类型有肉质直根、块根、支持根、板根、气生根、攀援根等。

华南植物园里落羽杉（*Taxodium distichum*）屈膝状的呼吸根

古森林博物馆展示的丛生竹，树龄300年，产地海南

古森林博物馆展示的金丝楠（*Phoebe zhennan*），树龄2300年，产地四川

源不深而岂望流之远，根不固而何求木之长。

——后晋·刘昀《旧唐书·魏征传》

孔明庙前有老柏，柯如青铜根如石。

——唐·杜甫《古柏行》

盘根满石上，皆作龙蛇形。

——唐·元结《宏尊诗》

五度溪上花，生根依两崖。

——唐·常建《宿五度溪仙人得道处》

雪尽南坡雁北飞，草根春意胜春晖。

——唐·裴夷直《穷冬曲江闲步》

岁老根弥壮，阳骄叶更阴。

——宋·王安石《孤桐》

根到九泉无曲处，世间惟有蛰龙知。

——宋·苏轼《王复秀才所居双桧二首》

华南植物园里榕树的板根

青苹一点微微发，万树千枝和根拔。

———元·吴昌龄《张天师断风花雪月》

根，紧握在地下；叶，相触在云里。

———舒婷《致橡树》

中国凌云树雕艺术文化博物馆的根雕

中国凌云树雕艺术文化博物馆的根雕

我是根，

一生一世在地下。

默默地生长，

向下，向下……

我相信地心有一个太阳。

——牛汉《根》

根是地下的枝，枝是空中的根。

—— ［印度］罗宾德罗那特·泰戈尔

《泰戈尔诗选》（郑振铎，王立 译）

【植物之最】最大的板根

在中国，最大的板根是云南省西双版纳傣族自治州勐腊县境内的一株四数木（*Tetrameles nudiflora*），高达40多米，有13块板根，占地面积50米^{2}多，其中最大的一块板根长达10米，高达3米。

木棉树的板根（摄于海南热带植物园）

人物简介

杜甫（712—770） 唐代伟大的现实主义诗人。主要作品有《三吏》《三别》《杜工部集》等。杜甫共有约1400首诗歌被保留了下来，大多集于《杜工部集》。

元结（719—772） 唐代文学家。代表作品有《大唐中兴颂》《丐论》《处规》《出规》等。

常建（708—765） 唐代诗人。主要作品有《题破山寺后禅院》《宿王昌龄隐居》等。

王安石（1021—1086） 北宋著名思想家、政治家、文学家、改革家。主要作品有《临川先生文集》。

苏轼（1037—1101） 北宋文学家、书法家、画家。主要作品有《东坡七集》《东坡易传》《东坡乐府》《潇湘竹石图》《枯木怪石图》等。

吴昌龄　生卒年不详，元代戏曲作家。主要作品有《老回回探狐洞》《浪子回回赏黄花》等。

舒婷，原名龚佩瑜（1952—）　中国当代女诗人，朦胧诗派的代表人物，代表作品有《致橡树》《双桅船》等。

舒　婷

牛汉，原名史承汉（1923—2013）　中国当代诗人、作家，"七月"派代表诗人之一。代表作品有《鄂尔多斯草原》《彩色的生活》《萤火集》等。

罗宾德罗那特·泰戈尔（Rabindranath Tagore，1861—1941）　印度诗人、作家、社会活动家、哲学家和反现代民族主义者。代表作品有《吉檀迦利》《飞鸟集》《眼中沙》《四个人》《家庭与世界》《园丁集》《新月集》《最后的诗篇》《戈拉》《文明的危机》等。

牛　汉

罗宾德罗那特·泰戈尔

03　问　茎

植物体地上伸长的部分，即植物体中轴，称为茎。茎在叶腋上生芽，芽萌发后分枝，分枝进行顶端生长。

指如削葱根，口如含朱丹。
　　——两汉·佚名《孔雀东南飞》
盘根直盈渚，交干横倚天。
　　——唐·李世民《探得李》
何当凌云霄，直上数千尺。
　　——唐·李白《南轩松》
隔户杨柳弱袅袅，恰似十五女儿腰。
　　——唐·杜甫《漫兴九首·其九》
霜皮溜雨四十围，黛色参天二千尺。
　　——唐·杜甫《古柏行》
岘亭西南路多曲，栎林深深石镞镞。
　　——唐·王建《荆门行》
天下生白榆，白榆直上连天根。高枝不知几万丈，世人仰望徒攀援。
　　——唐·皎然《寓兴》
亭亭员干直，翦翦翠轮齐。
　　——宋·刘挚
《次韵唐诵植棕榈三绝句·其一》

沧桑可见的银杏树皮

侧柏（*Platycladus orientalis*）树干止的草茎（摄于河南淅川香严寺）

大王椰子（*Roystonea regia*）（摄于广西合浦）

阴风搜林山鬼啸，千丈寒藤绕崩石。

——宋·黄庭坚《上大蒙笼》

凛然相对敢相欺，直干凌空未要奇。

——宋·苏轼《王复秀才所居双桧二首》

一节复一节，千枝攒万叶。我自不开花，免撩蜂与蝶。

——清·郑燮《竹》

年轮上可以发现栗子树无尽的秘密。历尽千帆、阅尽世事的树，让我们感到生命不到百年的人类是一种多么渺小的存在。

……

树皮就是树的外衣。树皮既能抵御外部雨水对树的侵袭，也能保护树木内部水分，还能抵御严寒酷暑，以及外界对树木的其他伤害。

……

向着天空伸展枝叶是每个植物最大的快乐和幸福，所以为了接触到阳光，植物们想尽了办法。

……

古森林博物馆展示的乌木，树龄2700年，产地四川

年轮（摄于大连）

每当看到木柴被投进熊熊烈火中，他都能看到树的眼泪，听到树的悲鸣。

——［法］让·亨利·卡西米尔·法布尔
《法布尔植物记》（邢青青 译）

最崇高的树……高得惊人。

——［澳大利亚］费迪南德·冯·穆勒（王晨 译）

但凡大汗听闻哪里有一株好看的树，都会命人将之连根挖出，

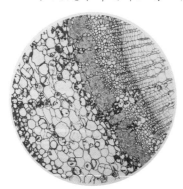

成都植物园展示的树皮微观结构

无论多重，也要用象运到避暑行宫的这座小山上栽种，这使得小山增色不少。

——［意大利］马可·波罗
《马可·波罗游记》（王瑜玲 译）

"中央有根棍子"的巨型植物开始大行其道，时至今日，大自然仍在这六万多种树木所组成的多样

化迷宫中探索各式各样的出路。

　　——［英］马克斯·亚当斯《树的智慧》（林金源 译）

　　橡胶树是一种出现相对较晚的对人类最具影响力的作物，但它所产生的巨大影响为其弥补了失去的时间。

　　——［英］克里斯托弗·劳埃德《影响地球的100种生物：

　　　　跨越40亿年的生命阶梯》（雷倩萍，刘青 译）

【植物之最】最长的爬藤植物

　　白藤（*Calamus tetradactylus*）是陆地上最长的藤蔓植物，直径为5厘米，长可达300米。

【植物之最】对避孕和预防艾滋病贡献最大的植物

　　天然橡胶就是由橡胶树（*Hevea brasiliensis*）割胶时流出的胶乳经凝固及干燥而成的。1839年，美国商人查尔斯·古德伊尔（Charles Goodyear）发明了橡胶硫化处理技术，生产橡胶避孕套，避孕套的出现，对预防艾滋病传播贡献了一定力量。

橡胶树割胶时流出的胶乳经凝固及干燥而得的橡胶

人物简介

李世民（599—649） 唐朝第二位皇帝，杰出的政治家、战略家、军事家、诗人。主要作品有《帝范》。

李白（701—762） 唐代伟大的浪漫主义诗人，被后人誉为"诗仙"。代表作品有《望庐山瀑布》《行路难》《蜀道难》《将进酒》《越女词五首》《早发白帝城》等。

李世民

王建（约765—约830） 唐朝诗人。主要作品有《王司马集》《宫词》《新嫁娘词三首》《十五夜望月》等。

皎然 唐代诗僧。主要作品有《诗式》《诗评》。

黄庭坚（1045—1105） 北宋著名诗人、词人、书法家。主要作品有《山谷词》。

郑板桥（1693—1766） 原名郑燮，清代画家、诗人。代表作品有《修竹新篁图》《清光留照图》《兰竹芳馨图》《甘谷菊泉图》《丛兰荆棘图》等。

刘挚（1030—1098） 北宋大臣，元祐年间"朔党"领袖。绍圣四年（1097）刘挚被流放新州（今广东新兴），不久含冤而死。宋哲宗死后，得到平反，获赐谥号"忠肃"，有《忠肃集》传世。

费迪南德·冯·穆勒（Ferdinand von Mueller，1825—1896） 澳大利亚籍德裔植物学家，对澳大利亚本土植物研究做出了巨大贡献。

马可·波罗（Marco Polo，约1254—1324年） 意大利的旅行家。《马可·波罗游记》是欧洲人撰写的第一部详尽描绘中国历史、文化和艺术的游记。

04　看　叶

　　叶是由芽的叶原基发育而成的部分，有规律地着生在枝或茎的节上。叶片是叶的主体，进行光合作用，通过气孔从外界获得二氧化碳并向外界放出氧气和水。

生长在澳大利亚的白绵毛蒿（*Artemisia arborescens*）
的灰白叶片震撼人心（摄于悉尼）

粉红尖叶红叶苋（*Iresine lindeni* 'Pink Fire'）叶色
令人陶醉（摄于福州森林公园）

叶密鸟飞碍，风轻花落迟。

——南朝梁·萧纲《折杨柳·和湘东王横吹曲三首·其一》

梧桐真不甘衰谢，数叶迎风尚有声。

——宋·张耒《夜坐》

小溪清水平如镜，一叶飞来浪细生。

——宋·徐玑《行秋》

牡丹花儿虽好，还要绿叶儿扶持。

——明·兰陵笑笑生《金瓶梅词话》

神农不及见，博物几曾闻。

似吐仙翁火，初疑异草熏。

充肠无浑浊，出口有氤氲。

妙趣偏相忆，茎喉一朵云。

——清·陈廷敬《咏淡巴菰》

一花一世界，一叶一菩提。

——佛语

为什么我们反复钟情于这些灼烧我们的嘴唇又迷惑我们大脑的次要作物呢？

——［英］约翰·沃伦《餐桌植物简史：蔬果、谷物和香料的栽培与演变》（陈莹婷 译）

你能看到的只是这样一些身影……他们浑浑噩噩地拖着沉重的步伐，嘴里叼着个烟袋。

——［英］约翰·戴维·巴罗（侯畅 译）

他们对这种草药的喜爱超越了所有的信仰……他们睡觉时嘴里还含着烟管，有时会半夜起来抽烟……我常常看到他们在没有更多烟草的情况下，啃食他们的烟斗管。我看到他们刮擦并研磨一根木管来吸烟。让我们充满同情地说，他们在吞云吐雾中度过一生，并在死亡的时候堕入火海。

——克里斯托弗·劳埃德《影响地球的100种生物：
跨越40亿年的生命阶梯》（雷倩萍，刘青 译）

【植物之最】 最大的叶

在陆生植物中，生长在智利森林里的大叶蚁塔（*Gunnera manicata*），叶片长达20米，宽达2.4米，能把三个并排骑马的人，连人带马都遮盖，是叶片最大的植物。

【植物之最】 人类吸食最多的叶

1927年，英国医生弗·伊·蒂尔登在医学杂志《手术刀》上提出吸烟会导致肺癌。1964年，美国卫生总署发表声明：吸烟有害健康。即便如此，烟叶至今仍是可以合法吸食并受人欢迎的叶片。

烟叶（摄于河南鄢陵）

人物简介

萧纲（503—551） 南朝梁第二位皇帝。主要作品有《老子义》《庄子义》。

张耒（1054—1114） 北宋文学家。主要作品有《柯山集》《宛丘集》《柯山诗余》。

徐玑（1162—1214） 南宋诗人，著有《泉山集》《二薇亭诗集》等。

萧 纲

兰陵笑笑生 明代"第一奇书"《金瓶梅》的作者所用的笔名。此人真实身份已成为历史谜团。

陈廷敬（1638—1712） 清代诗人。主要作品有《参野诗选》《北镇集》等。

约翰·沃伦（John Warren，1943—2019） 英国学者，阿伯里斯特威斯大学教授。

约翰·戴维·巴罗（John D. Barrow，1952—2020） 英国宇宙学家、数学家和物理学家，剑桥大学数学科学教授，曾荣获邓普顿奖。

约翰·戴维·巴罗

克里斯托弗·劳埃德（Christopher Lloyd） 英国记者、作家、出版商。在英国剑桥大学攻读历史，并以双第一的成绩毕业，然后成为《星期日泰晤士报》的技术记者。1994年，他获得了德士古年度科学记者奖。离开新闻业后，他经营了许多互联网和教育出版业务。

05 探　　花

　　在一个有限生长的短轴上，着生花萼、花瓣和产生生殖细胞的雄蕊与雌蕊，这就是花。

　　番红花（*Crocus sativus* L.）有人也把它称为西红花、藏红花、野百合，如此纯洁，一一朵朵开在草甸，高山的雪地里，我见犹怜

杜鹃花

繁枝容易纷纷落，嫩蕊商量细细开。

———唐·杜甫《江畔独步寻花·七绝句》

唯有牡丹真国色，花开时节动京城。

———唐·刘禹锡《赏牡丹》

牡丹（*Paeonia suffruticosa*）花色泽艳丽，玉笑珠香，风流潇
洒，富丽堂皇（摄于洛阳）

带声来蕊上，连影在香中。

——唐·耿湋《寒蜂采菊蕊》

山北山南花烂熳，日长蜂蝶乱。

——宋·毛开《谒金门》

山无重数周遭碧，花不知名分外娇。

——宋·辛弃疾《鹧鸪天·代人赋》

他的恋人像山谷中的百合花，洁白无瑕。

——《圣经·旧约·雅歌》

在我心目中，珙桐是北温带植物群里最有趣和最漂亮的树……花朵由绿到纯白，再到褐色，当微风轻拂，它们就像一只只大蝴蝶在树间飞舞。

——［英］欧内斯特·亨利·威尔逊（杨春丽，袁璐 译）

无花则无花粉，无花粉则无花。

——［英］玛德琳·哈利（王菁兰 译）

女人正像是娇艳的玫瑰，花开才不久便转眼枯萎。

——［英］威廉·莎士比亚《第十二夜》

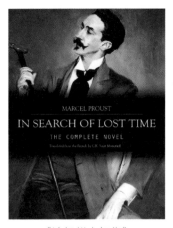

《追忆似水年华》

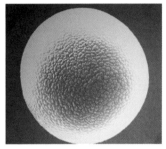

鸭茅（*Dactylis glomerata*）花粉（摄于成都植物园）

我的心追随着、模拟着花朵吐蕊的情状，由于它开得如此漫不经心，我把它想象成一位活泼而心野的白衣少女正眯着细眼在娇媚地摇晃着脑袋。

——[法] 马塞尔·普鲁斯特《追忆似水年华》（侯畅 译）

花粉是唯一能唤醒子房生命力的物质。

——[法] 让·亨利·卡西米尔·法布尔《法布尔植物记》（邢青青 译）

盛开的花冠如妇人的丰唇！

——[德] 赫尔曼·黑塞《裂枝的嘎鸣》（欧凡 译）

花冠、花瓣——植物"婚床的帷幔"。

——[瑞典] 卡尔·冯·林奈

在让人沉醉的春日里，山川和平原都开满了鲜花，郁金香如同一把火炬，把庭院和屋顶都点燃了。

——[印度] 贾汉吉尔（王瑜玲 译）

如果我们能够看懂一朵花所蕴藏的奥秘，我们的整个生活就会发生改变。

——佛陀（明冠华，李春丽 译）

来自他们床上的荷兰郁金香，高昂着仪态高贵的头。

——[美] 詹姆斯·蒙哥马利·弗拉格《明星历险记》（高萍 译）

木棉花

花儿都去哪儿了

花儿都被姑娘摘走了

姑娘都去哪儿了

姑娘都被小伙子娶走了

小伙子都去哪儿了

小伙子都去当兵了

士兵都去哪儿了

士兵都被埋到坟墓里去了

坟墓都去哪儿了

坟墓都被花儿覆盖了……

——［苏联］肖洛霍夫《静静的顿河》

【植物之最】最大的花

在苏门答腊的热带森林里，有一种叫凯氏大王花（*Rafflesia*

keithii）的植物，花的直径可达140厘米。花的形状似盆，由5片红色花瓣组成，开花的时候散发出像腐肉一般的恶臭。

【植物之最】 植物的花色

在对4197种花的颜色的统计中，数量最多的是白色花，有1193种，其他依次为黄色花951种，红色花923种，蓝色花594种，紫色花307种，绿色花153种，橙色花50种，茶色花18种，黑色花8种。当然，还有很多类似或混合的颜色。

【植物之最】 第一种商品花

17世纪，郁金香（*Tulipa gesneriana*）一度在鲜花交易市场上引发疯狂，郁金香球茎供不应求、价格飞涨，荷兰郁金香市场俨然变成了投机者伸展拳脚的、无序的赌池，最终导致世界第一次大规模金

郁金香

这幅画名叫《愚人的花车》,荷兰画家亨德里克·格里茨·波特(Hendrick Gerritsz Pot)创作于1640年前后,以调侃这次郁金香泡沫事件的投机者

融危机,这次历史事件又称为郁金香泡沫,是人类功史上最早的泡沫经济案例。

人物简介

刘禹锡(772—842) 唐代文学家、哲学家。主要作品有《陋室铭》《乌衣巷》《竹枝词》《杨柳枝词》等。

耿湋(736—787) 唐代诗人。主要作品有《耿湋诗集》。

毛开(?—1180) 南宋诗人,因隐居衢州(今浙江)烂柯山,号樵隐居士。著有《樵隐集》十五卷,其中《樵隐词》一卷,最为人所称道。

辛弃疾(1140—1207) 南宋豪放派词人、将领。主要作品有《水龙吟·登建康赏心亭》《永遇乐·京口北固亭怀古》。

欧内斯特·亨利·威尔逊（Ernest Henry Wilson, 1870—1930）英国园艺学家和植物学家。

玛德琳·哈利（Madeline Harley）英国植物学家，曾任英国皇家植物园花粉研究部门主管。

玛德琳·哈利

马塞尔·普鲁斯特（Marcel Proust, 1871—1922）法国小说家，意识流文学的先驱。代表作品有《追忆似水年华》。

赫尔曼·黑塞（Hermann Hesse, 1877—1962）德国作家、诗人。主要作品有《彼得·卡门青》《荒原狼》《东方之行》《玻璃球游戏》等。

卡尔·冯·林奈（Carl von Linné, 1707—1778）瑞典生物学家，植物分类学奠基人。著有《自然系统》《植物属志》《植物种志》，建立了动植物命名的双名法，对动植物分类研究的进展有很大的影响。

贾汗吉尔（Nur-ud-din Mohammad Jahangir, 1569—1627）印度莫卧儿帝国第四位皇帝。

詹姆斯·蒙哥马利·弗拉格（James Montgomery Flagg, 1877—1960）美国插画家和作家。作品有《玫瑰与子弹》《贫穷的乐趣》等。

肖洛霍夫（Михаил Александрович Шолохов, 1905—1984）苏联作家，著有《静静的顿河》。

06 觅 果

　　果实是被子植物的雌蕊经过传粉受精，由子房或花的其他部分参与发育而成的。果实一般包括果皮和种子两部分。

　　种子一般由种皮、胚和胚乳等组成。胚是由受精卵发育而成的，萌发后长成新的个体。胚乳是由极核发育而成的，含有营养物质。种子是裸子植物、被子植物的繁殖体。

莲雾（*Syzygium samarangense*）是一种深受消费者的青睐的水果（摄于广西合浦）

杨树发育结籽，产生白色絮状物（摄于郑州）

万物皆种也，以不同形相禅，始卒若环，莫得其伦。

——战国·庄周《庄子·寓言》

短短桃花临水岸，轻轻柳絮点人衣。

——唐·杜甫《十二月一日三首其三》

杨花榆荚无才思，惟解漫天作雪飞。

——唐·韩愈《晚春》

谁能上天采其子，种向人间笑桃李。

——唐·皎然《寓兴》

甜于糖蜜软于酥，阆苑山头拥万株。

叶底深藏红玳瑁，枝边低缀碧珊瑚。

——宋·陈尧叟《果实》

橘包霜後美，豆荚雨中肥。

——宋·陆游《统分稻晚归》

拔出金佩刀，斫破苍玉瓶。千点红樱桃，一团黄水晶。下咽顿除烟火气，入齿便作冰雪声。

——宋·文天祥《西瓜吟》

一种天然好滋味，可怜生处是天涯。

——明·丘浚《咏荔枝》

春花无数，毕竟何如秋实。

——宋·陈亮《三部乐》

看看大自然如何应对疲倦吧。春天的花开得疲倦的时候，它们就悄然地撤离枝头，放弃了美丽，留下了小小的果实。

——毕淑敏《毕淑敏全集》

种子储备了一棵植物幼苗最初需要的食物，也就是根、芽、叶最初生长所需要的一切能量。

——[美] 亨利·戴维·梭罗《种子的传播》（杨婷婷 译）

我对每粒种子充满信念……让我相信你有一粒种子，那么我将期待奇迹的出现。

——[美] 亨利·戴维·梭罗《森林树木的演替》（伍凯 译）

美国种子生态学家卡萝尔·巴斯金（Carol Baskin）："我告诉我的学生们，种子是一个带着午餐，藏在一个盒子里的植物婴儿。"

……

一粒种子包含了三个基本组成部分：植物的胚胎（婴儿）、种皮（盒子）以及某种营养组织（午餐）。通常，萌芽的时候盒子打开，胚胎一边从午餐中吸取能量，一边向下发根，并且长出绿叶。

——［美］约翰·杜威《哲学的改造》（杨婷婷 译）

我过的这种生活多美妙呀！成熟的苹果在我头上落下；一束束甜美的葡萄往我嘴上挤出像那美酒一般的琼浆。

——［英］安德鲁·马维尔《花园》（杨周翰 译）

神奇的花楸是谦逊又刻苦耐劳的树种，它们弯曲纠缠的枝干、雅致的叶，以及预示秋天降临的成串红色果实，在一整年都令人心旷神怡。

——［英］马克斯·亚当斯《树的智慧》（林金源 译）

种子是穿梭于时间和空间的生命信息存储器。

——［英］罗布·克塞勒，沃尔夫冈·斯塔佩
《植物王国的奇迹：生命的旅程》（明冠华 译）

（榴梿）这种味道难以形容，用杏仁奶油冻来概括非常合适，不过混杂的气味还令人想起了奶酪、洋葱酱、棕色雪莉酒和其他一些味道。

——［英］阿尔弗雷德·拉塞尔·华莱士（明冠华 译）

一颗两千年前掉落在死海东岸的海枣树种子居然可以重新发芽。

——［英］乔纳森·德罗里《环游世界的80种树》（柳晓萍 译）

一年的种子，七年的杂草。

……

我们的整个文明是建立在种子基础之上的。

——［英］罗布·克赛勒，沃尔夫冈·斯塔佩
《植物王国的奇迹：生命的旅程》（明冠华 译）

在西瓜的故乡卡拉哈里沙漠，西瓜便成为干净、安全的饮用

水的一个重要来源。

　　——［英］约翰·沃伦《餐桌植物简史：

　　蔬菜、谷物和香料的栽培与演变》（陈莹婷 译）

　　你离我有多远呢，果实呀？

　　我藏在你心里，花呀。

　　——［印度］罗宾德罗那特·泰戈尔《泰戈尔诗选》

　　（郑振铎，王立 译）

　　能够做母亲往往是一种强烈的欲望。

　　——［法］薇罗尼克·巴罗《花草物语：传情植物》（袁俊生 译）

　　想想橡子蕴含了多大的能量。在泥土中埋入一颗橡子，它就会长出一棵巨大的橡树，如果你埋的是一头羊，它就会慢慢腐烂。

　　——［爱尔兰］乔治·伯纳德·萧《萧伯纳的素食食谱》

　　（杨婷婷 译）

　　我们需要以一种原始的或野生的角度去欣赏野果的美味。

　　——亨利·戴维·梭罗《野果》（明冠华，李春丽 译）

　　我对种子有莫大的信仰。若让我相信你有颗种子，我就期待生命显现奇迹。

　　——［美］亨利·戴维·梭罗

　　大自然创造苹果、桃子、李子和樱桃之时，是否知道我们为此感到欢愉？答案毋庸置疑；却是出于她自己的目的。对于为这些果子播种的生物而言，甜美果肉带来的报偿无与伦比！而大自然特意创造了难以消化的种子，为的是，即使果实被吞下，种子也会得以种植。

　　——［美］约翰·巴勒斯《鸟与诗人》（杨婷婷 译）

　　植物并不满足于从花朵或树上撒下一粒种子，而是将不计其数的种子撒向天地之间，这样，假如几千粒死去了，仍有几千粒可以种植，几百粒会发芽，几十粒会成熟，如此一来，至少有一粒会代替母株。

——[美] 拉尔夫·沃尔多·爱默生《论文集·第二辑》

（杨婷婷 译）

苹果的种子内，有一座看不见的果园。

——英国威尔士谚语

【植物之最】最大的果实

波罗蜜（*Artocarpus heterophyllus*）的果实长30～50厘米，直径25～50厘米，单果重40千克。波罗蜜是木本植物所结的最大果实。

菠萝蜜果实（摄于广西合浦）

【植物之最】最大的种子

单个海椰子（*Lodoicea maldivica*）重达25千克，外果皮是海绵状纤维组成的，扒去这层纤维，里面有硬壳的内核，这就是种子。

成都植物园展示的海椰子

海椰子发芽生长状

【植物之最】最大的豆荚

巨榼藤（*Entada gigas*）荚果最宽15厘米，长可达1.8米。巨榼藤荚果呈螺旋形，荚果最多有20个节荚，豆子直径6厘米。

巨榼藤的荚果

【植物之最】单株结果最多的西瓜

2016年7月31日，在河南新郑市新村镇一处瓜田里，一株西瓜（*Citrullus lanatus*）秧上竟然结了131个西瓜，另一株结了114个西瓜，秧上大部分西瓜单个质量都在10千克以上，最大的西瓜有15千克。单株西瓜上结了131个西瓜，打破了吉尼斯世界纪录。

河南省新郑市单株西瓜秧上结了131个西瓜（2016年）

人物简介

韩愈（768—824）　唐代杰出的文学家、思想家、哲学家。主要作品有《论佛骨表》《师说》《进学解》等。

陈尧叟（961—1017）　北宋诗人。主要作品有《监牧议》《请盟录》等。

陆游（1125—1210）　南宋诗人。主要作品有《示儿》《游山西村》等。

韩　愈

文天祥（1236—1283）　南宋末年政治家、文学家，抗元名将。

丘浚（1421—1495）　明代政治家和思想家。代表作品有《大学衍义补》。

陈亮（1143—1194） 南宋思想家、文学家。主要作品有《龙川文集》《龙川词》等。

毕淑敏，（1952—） 中国当代作家。著有《毕淑敏文集》十二卷，长篇小说《红处方》《血玲珑》《拯救乳房》《女心理师》《鲜花手术》等。

亨利·戴维·梭罗（Henry David Thoreau，1817—1862） 美国作家、哲学家。代表作品有《瓦尔登湖》《论公民的不服从义务》。

约翰·杜威（John Dewey，1859—1952） 美国著名哲学家、教育家、社会学家。代表作品有《哲学之改造》《民主与教育》等。

安德鲁·马维尔（Andrew Marvell，1621—1678） 英国诗人。代表作品有《致羞涩的情人》《花园》《哀叹幼鹿之死的仙女》等。

阿尔弗雷德·拉塞尔·华莱士（Alfred Russel Wallace，1823—1913） 英国博物学家、探险家、地理学家、人类学家与生物学家。他创立了"自然选择"理论，代表作品有《马来群岛》。

罗布·克塞勒（Rob Kesseler，1951—） 视觉艺术家，伦敦中央圣马丁艺术与设计学院的教授。曾任英国皇家植物园——邱园NESTA研究员，在那里开始与沃尔夫冈·斯塔佩合作研究微观植物材料。他的作品曾在英国和欧洲的博物馆和画廊展出。

陈 亮

毕淑敏

罗布·克塞勒

　　沃尔夫冈·斯塔佩（Wolfgang Stuppy，1966—）种子形态学家，任英国皇家植物园——邱园千年种子库项目负责人。

　　薇罗尼克·巴罗（Véronique Barrau，1958—）法国作家。

　　乔治·伯纳德·萧（George Bernard Shaw，1856—1950）爱尔兰剧作家。代表作品有《圣女贞德》《伤心之家》《华伦夫人的职业》。

　　约翰·巴勒斯（John Burroughs，1837—1921）美国博物学家、散文家，美国环保运动中的重要人物，被誉为"美国自然主义文学之父"。代表作品有《醒来的森林》《冬日的阳光》《诗人与鸟》《蝗虫与野蜜》等。

　　拉尔夫·瓦尔多·爱默生（Ralph Waldo Emerson，1803—1882）美国散文家、思想家、诗人。代表作品有《论自然》。

沃尔夫冈·斯塔佩

薇罗尼克·巴罗

三、植物与人类

01　粮食作物

粮食是用以烹饪食品的植物种子，用作粮食的种子含有蛋白质、脂肪、淀粉等。

田家少闲月，五月人倍忙。夜来南风起，小麦覆陇黄。

——唐·白居易《观刈麦》

村径绕山松叶暗，野门临水稻花香。

——唐·许浑《晚自朝台津至韦隐居郊园》

山翁留我宿又宿，笑指西坡瓜豆熟。

——唐·贯休《春晚书山家屋壁二首》

人所食物皆为气所化，故复于气耳。

——明·宋应星《论气》

土芋，一名土豆，一名黄独。蔓生叶如豆，根圆如鸡卵，内白皮黄……煮食、亦可蒸食。又煮芋汁，洗腻衣，洁白如玉。

——明·徐光启《农政全书》

一碗糊涂粥共尝，地瓜土豆且充肠。
萍飘幸到神仙府，始识人间有稻粱。

——清·刘家谋《海音诗》

人人能在自己的葡萄藤架之下，平安地吃他自己种的粮食，对着左邻右舍唱起和平欢乐之歌。

——[英] 威廉·莎士比亚《亨利八世》

人类对于甜味、营养、美丽甚至酒醉的渴望，已经被编码，蕴藏在我们种植的农作物的基因之中。

——［美］迈克尔·波伦《植物的欲望：植物眼中的世界》

（王毅 译）

种子为我们提供了食物和燃料、酒类饮品和毒药、染料、纤维和香料。没有种子就不会有面包、米、豆、玉米和坚果。它们是真正意义上的生命支柱，是全世界日常饮食、经济活动以及生活方式的基础。

……

无论何时，无论何地，只要有农业革命，相似的模式就会出现。不再食用多种多样的野生食物，而改为食用几种主要谷物和其他农作物。

……

那顿早餐很可能来自一片草地。

——［美］索尔·汉森《种子的胜利：谷物、坚果、果仁、

豆类和核籽如何征服植物王国，塑造人类历史》

（杨婷婷 译）

当人们问我种子为什么重要时，我会问他们一个问题：你们早餐吃了什么？

——［美］卡萝尔·巴斯金（杨婷婷 译）

小麦是让数百万人免于饥饿但不能在野外存活的一种高营养转基因禾草。

——［英］克里斯托弗·劳埃德《影响地球的100种生物：

跨越40亿年的生命阶梯》（雷倩萍，刘青 译）

世界上大多数农作物都起源于少数几个古老的驯化中心。相反，广袤的澳大利亚和北美洲大陆对我们的现代食谱做出的贡献是少之又少。阿兹特克人（Aztec）提供了南瓜（*Cucurbita* moschata）、玉米、豆子、可可、番木瓜等，中东地区则贡献了苹果和梨，以及小麦、大麦、黑麦（*Secale cereale*）和燕麦等许多谷类作物。

——[俄] 尼古拉·伊万诺维奇·瓦为洛夫（陈莹婷 译）

【植物之最】给人类提供食物最多的植物

山脚下的水稻田

尽管全球约有3万种可食用的植物，但人类仅用了其中的30种养育自己。稻（*Oryza sativa*）、麦、玉米（学名玉蜀黍，*Zea mays*）、甘蔗（*Saccharum officinarum*）、甜菜（*Beta vulgaris*）、马铃薯（*Solanum tuberosum*）、甘薯（*Dioscorea esculenta*）、大豆（*Glycine max*）、蚕豆（*Vicia faba*）、椰子（*Cocos nucifera*）、香蕉（*Musa nana*）等是世界上重要的食物。其中，稻、麦、玉米、高粱（*Sorghum bicolor*）和粟5种谷物，为全球人口提供了总能量的60%。

【植物之最】最早的农作物驯化地

新月沃土是一个重要的农作物驯化地点。10500年前，在地中海部分地区的新月沃土，小麦尚不被用作粮食生产，还只是一种肆意生长的野草。在新月沃土被驯化的"起始作物"有谷类的二粒小麦、栽培单粒小麦、大麦（*Hordeum vulgare*）、豌豆、鹰嘴豆（*Cicer arietinum*）以及亚麻（*Linum usitatissimum*）。

人物简介

白居易（772—846） 唐代伟大的现实主义诗人，唐代三大诗人之一。有《白氏长庆集》传世，代表诗作有《长恨歌》《卖炭翁》《琵琶行》等。

许浑 唐代诗人。主要作品有《故洛城》《咸阳城东楼》《姑苏怀古》等。

贯休（832—912） 唐末五代时期前蜀画僧、诗僧。主要作品有《禅月集》《十六罗汉图》。

徐光启（1562—1633） 明末科学家，著有《农政全书》《甘薯疏》《农遗杂疏》《泰西水法》等。

卡萝尔·巴斯金（Carol Baskin） 美国植物学会前主席、国际著名种子生态学家。研究的主要方向为植物生态学。

尼古拉·伊万诺维奇·瓦为洛夫（Nikolai Ivanovich Vavilov, 1887—1943） 苏联植物育种学家、遗传学家。

白居易

许　浑

02 果蔬植物

　　果实具有不同的味道。当果实长到一定大小时，果肉中虽然储存了不少有机养料，但还未成熟。这些果实成熟后，才能使果实的色、香、味发生很大的变化。

　　小园几许，收尽春光。有桃花红，李花白，菜花黄。

　　　　　　　　　　——宋·秦观《行香子·树绕村庄》

　　老农饭粟出躬耕，扪腹何殊享大烹。吴地四时常足菜，一番过后一番生。

　　　　　　　　　　——宋·陆游《种菜》

　　流光容易把人抛，红了樱桃，绿了芭蕉。

　　　　　　　　　　——宋·蒋捷《一剪梅·舟过吴江》

　　饮食约而精，园蔬愈珍馐。

　　　　　　　　　　——明·朱柏庐《治家格言》

　　一畦春韭绿，十里稻花香。

　　　　　　　　　　——清·曹雪芹《菱荇鹅儿水》

　　萝卜响，咯嘣脆，吃了能活百来岁。

　　　　　　　　　　——谚语

　　一个水手的妻子坐在那儿吃栗子，啃呀啃呀啃呀地啃着。

　　　　　　　　　　—— [英] 威廉·莎士比亚《麦克白》

　　甚至像可怜的鸟，看见了画上的葡萄，眼睛饱餐一顿，肚子饿得难忍。

　　　　　　　　　　—— [英] 莎士比亚《维纳斯与阿多尼斯》

园丁被称为大地的金匠：因为园丁胜过普通的农夫，就像金匠胜过一般的铁匠一样。

——［法］奥利维尔·德·塞雷斯《农业剧场》

在大自然中最令人兴奋的景象就是新生的一排排菜苗在春天的土地上如同一座绿色的城市崛起。像这样令人眼睛发亮的景象是不多的。

……

糖的哄骗，使得苹果走出了哈萨克斯坦的森林，穿越了欧洲，到达北美海岸，最终进入约翰·查普曼独木舟。

——［美］迈克尔·波伦《植物的欲望：植物眼中的世界》

（王毅 译）

现在，全世界都热爱番茄，然而最初，英国人不愿意吃这种果蔬，因为它有太多太多"狠毒"的亲戚。

——［英］约翰·沃伦《餐桌植物简史：
蔬果、谷物和香料的栽培与演变》（陈莹婷 译）

甜得没有了方向。

——［英］约翰·沃伦《餐桌植物简史：蔬果、谷物和
香料的栽培与演变》（王毅 译）

没有人会把马铃薯当作一种纯粹的蔬菜，而是会把它作为一种命运的工具。

——E.A.布尼亚德《园丁指南》

神说，看哪，我将地上一切结种子的菜蔬和一切树上所结有核的果子，全赐给你们做食物。

——《创世纪》（杨婷婷 译）

如果你的德行跟你的外表不相称，那你的美貌就无异于夏娃

的苹果。

—— ［英］威廉·莎士比亚《十四行诗》

【植物之最】 蔬菜种类最多的8科植物

全世界普遍栽培的蔬菜种类主要集中在8科植物中。十字花科蔬菜有萝卜（*Raphanus sativus*）、白菜（*Brassica pekinensis*）。伞形科蔬菜有芹菜（*Apium graveolens*）、胡萝卜（*Daucus carota* var. *sativa*）。茄科蔬菜有番茄（*Lycopersicon esculentum*）、辣椒（*Capsicum annuum*）。葫芦科蔬菜有黄瓜（*Cucumis sativus*）、西葫芦（*Cucurbita pepo*）、南瓜。豆科有豇豆（*Vigna unguiculata*）、豌豆。百合科蔬菜有韭（*Allium tuberosum*）、葱（*Allium fistulosum*）。菊科蔬菜有莴苣（*Lactuca sativa*）、莴笋（*Lactuca sativa* var. *angustata*）。藜科蔬菜有菠菜（*Spinacia oleracea*）、甜菜。

南瓜产量大、易成活、营养丰富，荒年可以代粮（摄于加拿大渥太华）

豆角可以一边开花一边结果

【植物之最】四大干果和四大水果

世界四大干果分别是核桃（*Juglans regia*）、巴旦杏（*Prunus domestica*）、榛（*Corylus heterophylla*）和腰果（*Anacardium occidentale*）。世界四大水果分别是苹果（*Malus pumila*）、葡萄（*Vitis vinifera*）、柑橘（*Citrus reticulata*）和香蕉。

人物简介

秦观（1049—1100） 北宋婉约派词人。主要作品有《淮海集》《淮海居士长短句》等。

蒋捷（约1245—1305） 南宋词人。代表作品有《竹山词》。

朱柏庐（1627—1698） 明末清初著名理学家、教育家。主要作品有《治家格言》《愧讷集》《大学中庸讲义》。

曹雪芹（？—约1763） 清代小说家。主要作品有《红楼梦》。

秦 观

朱柏庐

03 药用植物

医学上用于防病、治病的植物，包括用作营养剂、嗜好品、调味品，以及农药和兽医用药的植物资源，都是药用植物。

《本草纲目》是一部集中国16世纪之前药学成就之大成的著作

肉苁蓉（*Cistanche deserticola*）是沙漠树木梭梭根部的寄生植物，是历代补肾壮阳类处方中使用频度最高的补益药物

勿药有喜，如山永安。

　　　　　　——唐·刘禹锡《苏州贺皇帝疾愈表》

多病所须唯药物，微躯此外更何求。

　　　　　　　　　　——唐·杜甫《江村》

松下问童子，言师采药去。

只在此山中，云深不知处。

　　　　　　　　——唐·贾岛《寻隐者不遇》

含桃豌豆喜尝新，罂粟花边已送春。

　　——元·方回《病后夏初杂书近况十首·含桃豌豆喜尝新》

英国文学家威廉·莎士比亚《奥赛罗》："罂粟（*Papaver somniferum*）是一种让人昏昏欲睡的糖浆"（摄于郑州）

[马头调] 鸦片烟儿真奇怪，（土里熬出来）。吃烟的人儿，脸上挂着一个送命的招牌。（丢又丢不开）。引来了，鼻涕眼泪往下盖，（叫人好难挨）。没奈何，把那心爱的东西，拿了去卖。（忙把灯来开），过了一刻，他的身子爽快。（又过这一灾）。想当初，那样的精神今何在。（身子瘦如柴）。早知道这害人的东西，何必将它爱。（实在硕不开）。

——清代民歌《鸦片烟》

我要万分感谢的是，一种生长在中国大地上的草本植物——青蒿。它星散生长于低海拔、湿润的河岸边砂地、山谷、林缘、路旁等，也见于滨海地区。

——屠呦呦获诺贝尔生理学或医学奖感言

（藏红花）它是太阳的植物，亦是雄狮的植物，因此你无须知道它为何能令心脏如此强壮。

—— [英] 尼古拉斯·卡尔佩珀《草药全书》（高萍 译）

（罂粟）自然界中最容易让人上瘾的麻醉品，缓解痛苦的同时更给人类带来了痛苦。

—— [英] 克里斯托弗·劳埃德《影响地球的100种生物：
跨越40亿年的生命阶梯》（雷倩萍，刘青 译）

　　我们在生活中一直追寻的、最为重要的东西就是健康，因而其他所有的事物都无法与植物和草药的功德相提并论。

——［美］凯瑟琳·赫伯特·豪威尔

《植物传奇：改变世界的27种植物》（明冠华，李春丽　译）

　　去喜欢，认识各种植物吧，总有一款能治病。了解其秘诀，就能药到病除，坚持使用定会延年益寿。

——让·帕莱泽尔《祖母的秘方》（袁俊生　译）

　　本草书是从古希腊时代一直到中世纪结束时几乎代代相传的少数几种手稿之一。

——英国DK出版社《DK植物大百科》（刘凤，李佳　译）

　　那些写过草本植物或者植物这一大类的人向人们传授植物所具有的显著特征……并且他们声称有些植物具备一定的能量，不管是内服还是外用都能发挥作用。

——伽林，评论希波克拉底《人类的本性》

　　罂粟就是彩色玻璃，当阳光穿过罂粟时，它的光芒四射，比以往任何时候都更为明亮。无论人们在何处看见它——逆光或是顺光——一如既往地，它都是一团熊熊燃烧的火焰，如盛放的红宝石一样温暖着风。

——［英］约翰·罗斯金《珀尔塞福涅》

【植物之最】对中国近代历史进程改变最大的植物

　　1840—1842年英国对中国发动了鸦片战争，这场战争改变了中国近代历史进程。引发这场战争的就是罂粟（*Papaver somniferum*）。

【植物之最】最早用于治疗疟疾的植物

人感染疟疾，会突然发冷、打寒战，若不及时治疗，会有生命危险。金鸡纳树（*Cinchona calisaya*）树皮中含有一种生物碱，是抗疟疾的良药。

人物简介

贾岛（779—843）唐代诗人。主要作品有《长江集》《病蝉》。

方回（1227—1307）元代文学家。主要作品有《瀛奎律髓》《桐江集》《续古今考》。

屠呦呦（1930—）中国当代药学家。她最大的贡献是发现了青蒿素。

尼古拉斯·卡尔佩珀（Nicholas Culpeper，1616—1654）英国植物学家、医师和占星师。主要作品《草药全书》。

贾 岛

希波克拉底（Hippocrates，公元前460—约公元前370）古希腊思想家、医生，被称为"医学之父"，西方医学奠基人。代表作品有《论风、水和地方》。

约翰·罗斯金（John Ruskin，1819—1900）英国作家、艺术家、艺术评论家，著有《现代画家》。

04 油料作物

植物油是由不饱和脂肪酸和甘油化合而成的化合物，是从植物的果实、种子、胚芽中得到的油脂。

油棕被称作世界油王（摄于华南国家植物园）

揭起裙儿，一阵油盐酱醋香。

——宋·苏轼《失调名》

万历丙午年（1606年）忽有向日葵自外域传至。其树直耸无枝，一如蜀锦开花，一树一朵或傍有一两小朵，其大如盘，朝暮向日，结子在花面，一如蜂窝。

——明·姚旅《露书》

油橄榄是将古代地中海世界推向现代化道路的一种多功能、可自我保存的果实。

——［英］克里斯托弗·劳埃德《影响地球的100种生物：
跨越40亿年的生命阶梯》（雷倩萍，刘青 译）

依着果实累累的橄榄树枝，人们得以净化在永恒的健康中。

——［古罗马］普布留斯·维吉留斯·马罗《阿涅埃斯纪》

生长在意大利罗马的油橄榄

美丽的圣母，橄榄，你的花给我们油，给我们生命，纯洁的曙光，是太阳的衣裳，天空和大地披满霞光。

——[西班牙] 洛佩·费利克斯·德·维加·伊·卡尔皮奥

若想给子孙留下不竭的财产，那就种一棵橄榄树。

——在意大利和土耳其相传的一则谚语

【植物之最】 成就雅典城邦国家的树

油橄榄（*Olea europaea*）是一种高产、适应性强的油料树种，橄榄油有较好的风味。葡萄酒与橄榄油、陶制品构成了雅典城邦的三大经济特产，成就了雅典城邦国家，进而给世界带来了奥林匹克运动会。

人物简介

洛佩·费利克斯·德·维加·伊·卡尔皮奥（Lope Félix de Vega y Carpio，1562—1635） 西班牙剧作家和诗人。

普布留斯·维吉留斯·马罗（Publius Vergilius Maro，公元前70—公元前19） 意大利诗人，著有《牧歌》《农事诗》《埃涅阿斯纪》。

05 糖料作物

糖料作物可以提取糖，主要有甘蔗、甜菜及甜高粱等。

扶南甘蔗甜如蜜，杂以荔枝龙州橘。

——唐·李颀《送刘四赴夏县》

清风穆然在，如渴啖甘蔗。

——宋·晁补之《即事一首次韵祝朝奉十一丈》

阿母但办好齿牙，百岁筵前嚼甘蔗。

——明·徐渭《赋得百岁宣花为某母寿》

蔗糖在18世纪经济中所占据的地位，就如钢铁在19世纪，石油在20世纪所占据的地位一样。

——李春辉《拉丁美洲史稿》

我们不该羞于承认，蔗糖的问题是导致美国独立战争的重要因素。

——美国第二任总统约翰·亚当斯

它们是一种不用蜜蜂就能产蜜的芦苇。

—— [美] 凯瑟琳·赫伯特·豪威尔，[美] 彼得·汉·雷文
《植物传奇：改变世界的27种植物》(明冠华，李春丽 译)

从阿勒颇到的黎波里要经过40个城邦……甘蔗在这里繁盛地生长着。

—— [美] 凯瑟琳·赫伯特·豪威尔，[美] 彼得·汉·雷文
《植物传奇：改变世界的27种植物》(明冠华，李春丽 译)

甘蔗已经成为世界上种植范围最广的植物，一种令人上瘾的

生长整齐的甘蔗

并引发了许多现代影响的甜味剂。

——［英］克里斯托弗·劳埃德《影响地球的100种生物：
跨越40亿年的生命阶梯》（雷倩萍，刘青 译）

【植物之最】最早的制糖原料

甘蔗（*Saccharum officinarum*）茎中的汁液含蔗糖、还原糖、淀粉、果胶，蔗渣纤维可供造纸或可作为家畜的饲料，亦可制酒精、养酵母等。

人物简介

李颀　唐代诗人。主要作品有《李颀集》。

罗隐（833—910）　唐代文学家。主要作品有《甲乙集》《谗书》《两同书》。

晁补之（1053—1110）　北宋文学家，"苏门四学士"（另有北宋诗人黄庭坚、秦观、张耒）之一。主要作品有《鸡肋集》《晁氏琴趣外篇》等。

徐渭（1521—1593）　明代文学家、书画家、戏曲家。画作有《墨葡萄图》，杂剧有《四声猿》。

徐　渭

06 饮料植物

饮料是供人或者牲畜饮用的液体，具有解渴、补充能量等功能。可可用于制造可可粉和"巧克力糖"。咖啡是用咖啡豆制作出来的饮料。从白桦树中提取出来的液体，蕴含着人体所需要的多种营养物质。

一碗喉吻润，二碗破孤闷。三碗搜枯肠，惟有文字五千卷。四碗发轻汗，平生不平事，尽向毛孔散。五碗肌骨清，六碗通仙灵。

——唐·卢仝《七碗茶》

坐酌泠泠水，看煎瑟瑟尘。
无由持一碗，寄与爱茶人。

——唐·白居易《山泉煎茶有怀》

休对故人思故国，且将新火试新茶，诗酒趁年华。

——宋·苏轼《望江南·超然台作》

寒夜客来茶当酒，竹炉汤沸火初红。

——宋·杜耒《寒夜》

一杯为品，二杯即是解渴的蠢物，三杯便是饮牛饮骡了。

——清·曹雪芹《红楼梦》

咖啡因并非真的给人们提供能量，它只是弱化了人们感受疲惫的能力。

……

情绪高涨，幻想的事物变得栩栩如生，善心被激发出来……记忆力和判断力都变得更为敏锐，短时间内异乎寻常地能言善辩。

　　——［美］索尔·汉森《种子的胜利：谷物、坚果、果仁、豆类和核籽如何征服植物王国，塑造人类历史》

（杨婷婷　译）

　　20年来只用这种令人愉悦的植物的汤汁下饭……有了茶，他就可以在夜晚获得消遣，在午夜品尝慰藉，并在清晨迎接黎明。

　　——［英］比尔·劳斯《政变历史进程的50种指南》（高萍　译）

　　春季榨取的桦树汁液，是滋味美妙的甘甜饮品，能酿造美味的甘甜酒。

　　——［英］马克斯·亚当斯《树的智慧》（林金源　译）

　　每当我啜饮香浓的咖啡时，便会想起那位慷慨的法国人，他凭借不屈不挠的精神，让咖啡树在马提尼克生根。

　　——［英］查尔斯·兰姆（杨婷婷　译）

　　咖啡可真是香甜啊！比一千个香吻更迷人，也比麝香葡萄酒更醉人。

　　——《咖啡康塔塔》歌词，巴赫作词（高萍　译）

　　如果我不能每天喝上三杯咖啡，那么我会像炙烤的羊羔一样倍感痛苦！

　　——《咖啡康塔塔》歌词（杨婷婷　译）

100年前加拿大母子在采集桦树汁（摄于耶洛奈夫博物馆）

咖啡果（摄于兴隆热带植物园）

咖啡在身上开始发挥作用，灵感就如同雄狮中的小分队迅速行动起来。

——［法］奥诺雷·德·巴尔扎克《咖啡的乐趣与苦恼》

(高萍 译)

我不在家，就在咖啡馆；不在咖啡馆，就在去咖啡馆的路上。他写道：咖啡轻抚着喉咙，一切都开始跃动起来：思潮翻滚，如一支大军的各个连队，纷纷排兵布阵。战斗打响了。记忆挥舞着大旗，猛冲过来。各种比喻像轻骑兵策马飞驰，逻辑的炮队带着论据和衔接急急赶到，金句如狙击手的子弹，落地有声；人物形象异军突起；笔尖在纸上游走，战事如火如荼，最后以墨汁横飞而告终，消弭在弥漫的硝烟中。

——［法］奥诺雷·德·巴尔扎克

如果这是咖啡，请给我茶；如果这是茶，麻烦给我一杯咖啡。

——［美］美国第十六任总统亚伯拉罕·林肯

可可这种饮品是最为健康的东西，它是你在这个世界上可以喝到的能量最高的饮料。一个人若是喝上一杯可可，就可以尽情地想走多远就走多远，即便一天不进食都不成问题。

——［西班牙］埃尔南·科尔特斯的一名随从人员所述

(明冠华，李春丽 译)

它使身体变得活跃和警觉；可以缓解剧烈的头痛和眩晕……可以清洁重要的血液和肝脏。它健胃消食，促进消化……有助于防止噩梦，放松大脑、增强记忆……泡一杯就足以让人通宵工作，而不会对身体造成伤害。

——一家伦敦茶屋的广告（1660年）（雷倩萍，刘青 译）

咖啡拓展了幻觉的疆域，让愿望更为可期。

——伊西多尔·波登（徐嘉妍 译）

【植物之最】与浪漫爱情关系最为密切的植物

可可（*Theobroma cacao*）干豆品味醇香，具有兴奋与滋补作用。用可可制作的主要产品巧克力与浪漫爱情关系密切。可可粉和可可脂主要用作饮料，可以用于制造巧克力糖果、糕点及冰激凌等食品。咖啡、可可、茶为世界上的三大饮料。

笔者在浙江安吉田间采茶（2017年）

可可（摄于兴隆热带植物园）

【植物之最】导致美国独立战争爆发的植物

1773年12月16日，在美国发生波士顿倾茶事件。该事件导致美国独立战争爆发。1776年7月4日大陆会议通过了由美利坚合众国第三任总统托马斯·杰斐逊（Thomas Jefferson）执笔起草的《独立宣言》，宣告了美国的诞生。

倾茶事件

人物简介

卢仝（约795—835） 唐代诗人，初唐四杰之一卢照邻之孙。

杜耒（?—1225） 南宋诗人。代表作品有《寒夜》《窗间》《送胡季昭窜象郡》等。

查尔斯·兰姆（Charles Lamb，1775—1834） 英国散文家。代表作品有《莎士比亚戏剧故事集》《伊利亚随笔》等。

约翰·塞巴斯蒂安·巴赫（Johann Sebastian Bach，1685—1750） 巴洛克时期德国作曲家。代表作品有《勃兰登堡协奏曲》《马太受难曲》《B小调弥撒曲》。

奥诺雷·德·巴尔扎克（Honoré de Balzac，1799—1850） 法国小说家，被称为"现代法国小说之父"，欧洲批判现实主义文学奠基人。代表作品有《人间喜剧》《驴皮记》《高老头》《朱安党人》《欧也妮·葛朗台》《高利贷者》等。

巴尔扎克

埃尔南·科尔特斯（Hernán Cortés，1485—1547） 大航海时代西班牙航海家、军事家、探险家，阿兹特克帝国的征服者。

108

07 酿酒植物

啤酒是用小麦芽和大麦芽作为原料，并加啤酒花（*Humulus lupulus*），经过发酵酿制而成的。红酒是葡萄、蓝莓等水果经过发酵而成的果酒。白酒是以粮谷为主要原料，经蒸煮、糖化、发酵、蒸馏而制成的酒。

酒醴异气，饮之皆醉；百谷殊味，食之皆饱。

——汉·王充《论衡·自纪篇》

葡萄美酒夜光杯，欲饮琵琶马上催。

——唐·王翰《凉州词》

面曲之酒，少饮和血行气，壮神御寒，消然遗兴，饮则伤神耗血，损胃亡精，生疾动火。

——明·李时珍《本草纲目》

劝君休饮无情水，醉后教人心意迷。

——明·冯梦龙《警世通言·苏知县罗衫再合》

酒类当然也是糖的另外一个捐赠。酒是通过对植物中所产生出来的糖用某些酵母进行发酵的结果。

——［美］迈克尔·波伦《植物的欲望：
植物眼中的世界》（王毅 译）

一杯龙舌兰酒，二杯龙舌兰酒，三杯龙舌兰酒，醉倒在地。

——［美］乔治·卡林（高萍 译）

关于啤酒花：由于其自身的苦味，啤酒花可以防止酒类腐败，酒类加入啤酒花后，可以保存更长的时间。

——《神圣的物理》，

宾根的女修道院院长希尔德加德·冯·宾根（高萍 译）

【植物之最】最古老的葡萄酒

在保加利亚的古人遗迹中，人们发现在公元前 6000 年～公元前 3000 年，当地已开始用葡萄进行酿酒。

酒（摄于青海省互助县）

人物简介

王充（27—约97） 东汉思想家、文学批评家。王充代表作品《论衡》，八十五篇，二十多万字，解释万物的异同，纠正了当时人们疑惑的地方，是中国历史上一部重要的思想著作。

王翰 唐代诗人。主要作品有《凉州词二首》《春日归思》等。

李时珍（1518—1593） 明代著名医药学家。主要作品有《濒湖脉学》《奇经八脉考》《本草纲目》。

王 翰

冯梦龙（1574—1646） 中国古代文学家、思想家、戏曲家。著有《喻世明言》《警世通言》《醒世恒言》。

乔治·卡林（George Carlin，1937—2008） 美国单口喜剧表演者、演员、作家。

希尔德加德·冯·宾根（Hildegard von Bingen，1098—1179）中世纪德国神学家、作曲家及作家。

08 香料植物

芳香植物是具有香气和可供提取芳香油的植物。植物香料是从芳香植物的花、叶、茎、果、根、皮中提取出来的。

桂皮（*Cinnamomum tamala*）给炖肉调味，是五香粉的成分之一

胡椒（摄于兴隆热带植物园）

折得一枝香在手，人间应未有。

——宋·王安石《甘露歌》

枝上柳绵吹又少，天涯何处无芳草。

——宋·苏轼《蝶恋花》

暮色千山入，春风百草香。

——宋·苏轼
《雨晴后，步至四望亭下鱼池上，遂自乾明寺前东冈上归二首》

莫问早行奇绝处，四方八面野香来。

——宋·杨万里《过百家渡四绝句》

一路野花开似雪，但闻香气不知名。

——清·吴嵩梁《江南道中》

我们的香料作物主要起源于热带地区，它们火爆的天性被认为是一种演化而来的防御机制，用来防御以它们为食的各种生物。香料则更加多样化，一般是经过干燥处理的植物产品，包括树皮、花蕾、种子、果皮、根和茎。少数植物，如芫荽（*Coriandrum sativum*），能同时作为本草和香料之用。

……

对人类来说，辣椒的味道可能太火辣了，但对于传播其种子的鸟类而言却一点也不辣。

—— [英] 约翰·沃伦《餐桌植物简史：蔬果、谷物和香
料的栽培与演变》（陈莹婷 译）

陕西袁家村头碎辣椒

如果将肉豆蔻多嚼一会儿，然后含在嘴里，就能够帮助人们祛除口臭，呼出一股香甜的气味。

—— [美] 凯瑟琳·赫伯特·豪威尔
《植物传奇：改变世界的27种植物》（明冠华，李春丽 译）

番红花的国度里暮色苍茫，田野上浮动着玫瑰的暗香。

—— [苏联] 谢尔盖·亚历山德罗维奇·叶赛宁
《番红花的国度里暮色苍茫》

谁想找到花开香喷喷的玫瑰，就会找到爱的棘刺和罗瑟琳。

　　　　　——［英］威廉·莎士比亚《皆大欢喜》

挑战书已经写好在此，你读读看，

我保证它还带着醋和胡椒的呛酸味儿呢。

　　　　　——［英］威廉·莎士比亚《第十二夜》

在食用青蛙时要配上绿辣椒，食用蝾螈时配上黄辣椒，食用蝌蚪时配上小辣椒，食用龙舌兰虫时配上小辣椒酱，食用大龙虾时配上红辣椒。

　　　——［西班牙］贝尔纳迪诺·德萨哈冈记录的阿兹台克人

（1529年）（明冠华，李春丽　译）

【植物之最】别墅花园中最经典的植物

18世纪，萨里的密契（Mitcham），伦敦南区的熏衣山，法国的普罗旺斯（Provence），格拉斯（Grasse）附近的山区都以种植薰衣草（*Lavandula angustifolia*）而闻名。薰衣草是别墅花园最经典的植物，也是生产香水的原料。

薰衣草（*Lavandula pedunculata*）全株略带清淡香气，叶和茎上的绒毛均藏有油腺，碰触油腺破裂后释放出香味（摄于沈阳）

【植物之最】最著名的香料植物

藏 红 花 (*Crocus sativus*) 辛辣的金色柱头很名贵，既可以用于食品调味，又可以用作染料。在中世纪，藏红花就是一种必不可少的着色剂。如今，藏红花仍然是重要的着色剂和最著名的香料植物。

藏红花带有强烈的独特香气和苦味（摄于拉萨）

人物简介

吴嵩梁（1766—1834）清代文学家、书画家。清代江西最杰出的诗人。主要作品有《庐山纪游图咏》《武夷纪游图咏》。

谢尔盖·亚历山德罗维奇·叶赛宁（Сергей Александрович Есенин，1895—1925）苏联诗人。代表作品有《白桦》《莫斯科酒馆之音》《安娜·斯涅金娜》。

吴嵩梁

贝尔纳迪诺·德萨哈冈（Bernardino de Sahagún，1944—1950）西班牙传教士。著有《西班牙事物通史》。

09 彩叶植物

在植物的生长季节或休眠期，一些叶片会呈现出由遗传基因控制的非常见的颜色，如黄、红、白、黑、蓝及其混合色。叶片随着季节变化也会呈现不同色彩。

金叶刺槐（*Robinia pseudoacacia* 'Frisia'）

枫树（摄于渥太华）

紫叶红栌（*Cotinus coggygria* f. *atropurpureus*）
（摄于河南）

红柄甜菜（*Beta vulgaris*）

116

浔阳江头夜送客，枫叶荻花秋瑟瑟。

——唐·白居易《琵琶行》

枫叶落，荻花干，醉宿渔舟不觉寒。

——唐·张志和《杂歌谣辞·渔父歌》

薄烟如梦雨如尘，霜景晴来却胜春。

好住池西红叶树，何年今日伴何人。

——唐·崔橹《题云梦亭》

衰草凄凄一径通，丹枫索索满林红。

——金·董解元《西厢记》

青山绿水，白草红叶黄花。

——元·白朴《天净沙·秋》

霜天枫叶林中色，试较春风枝上花。

千点乱飞仍似雨，一堤掩映欲成霞。

——明·朱谋瑝《即席赋得霜叶红于二月花》

晚趁寒潮渡江去，满林黄叶雁声多。

——清·王士祯《江上》

枫叶成了秋天大连街头的一道景观

火焰卫矛（摄于渥太华）

红桑（*Acalypha wilkesiana* 'Musaica'）（摄于西双版纳）

林枫欲老柿将熟，秋在万山深处红。

　　　　　　　　——清·丘逢甲《山村即目》

最是秋风管闲事，红他枫叶白人头。

　　　　　　　　——清·赵翼《野步》

漫山填谷涨红霞，点缀残秋意太奢。

若问蓬莱好风景，为言枫叶胜樱花。

　　　　　　　　——王国维《观红叶》

植物的芳香、色彩与味道，带给我们的快乐始终如一。

　　——[法] 安妮-弗朗丝·多特维尔《植物园：400种植物
　　　　的200个不可思议的逸闻趣事》（孙娟 译）

【植物之最】世界上最红的秋天

　　美国东北部的新英格兰以绚丽的秋天而闻名。位于该地区的佛
蒙特州立公园的秋叶隧道，在秋季到来的时候，两旁的树叶被染成

彩虹色，仿佛一幅绚烂的油画。

人物简介

张志和　唐代诗人。著作有《玄真子》十二卷三万字，《大易》十五卷，有《渔夫词》五首、诗七首传世。

张志和

董解元　金代戏曲作家。主要作品有《西厢记诸宫调》。

白朴（1226—1312）　元代著名的戏曲作家，与关汉卿、马致远和郑光祖并称为"元曲四大家"。

王士祯（1634—1711）　清初诗人、文学家、诗词理论家。主要作品有《池北偶谈》《古夫于亭杂录》《香祖笔记》。

丘逢甲（1864—1912）　中国近代诗人、教育家。主要作品有《柏庄诗草》《岭云海日楼诗钞》等。

赵翼（1727—1814）　清中期史学家、诗人、文学家。长于史学，考据精赅，所著《廿二史劄记》与王鸣盛《十七史商榷》、钱大昕《二十二史考异》合称"清代三大史学名著"。

王国维（1877—1927）　中国近代、现代相交时期享有国际声誉的著名学者。

安妮-弗朗丝·多特维尔（Anne-France Dautheville，1944—）法国作家。著有《植物园》。

10 彩色树皮

　　只有木本植物才有树皮，蕨类和单子叶植物没有树皮。树皮一般比茎部的木质部薄，由形成层产生，一般呈棕色。然而，有些树木的茎干或枝条具有鲜艳的色彩。

锦屏藤（*Cissus verticillata*）初生气根紫红色，老熟气根黄绿色，长度可达4米（摄于江苏宜兴）

粉单竹（*Bambusa chungii*）呈灰白色（摄于福州）

毛山楂（*Crataegus maximowiczii*）枝条呈橙色（摄于新疆奎屯）

一树春风千万枝，嫩于金色软于丝。

——唐·白居易《杨柳枝词》

在我的窗前，有一棵白桦，仿佛涂上银霜，披了一身雪花……白桦四周徜徉着，姗姗来迟的朝霞，它向白雪皑皑的树枝，又抹一层银色的光华。

——[苏联] 谢尔盖·亚历山德罗维奇·叶赛宁《白桦》

【植物之最】最白的树皮

在植物学上，树皮是指树最外面的一部分，叫做周皮。周皮可分为3个部分，从内向外分别为栓内层、木栓形成层和木栓层。木栓形成层能不断地进行细胞分裂，向内分裂形成栓内层，向外分裂形成木栓层。组成木栓层的细胞叫木栓细胞。由于木栓细胞壁上有一层特殊的褐色物质，因而使细胞成为褐色。白桦的周皮发育却比较特殊。

当白桦（*Betula platyphylla*）木栓形成层不断向外分裂时，在木栓层外面含有少量的木栓质组织，它们的细胞中含有大约1/3的白桦脂和1/3的软木脂，而这些脂质均呈白色。这些脂质是在周皮的最外层，因而白桦树树皮呈现白色。

白桦（摄于内蒙古赤峰克什克腾旗）

11 用材树种

    乔木和灌木的木质部分就是木材。这些植物在初生生长结束后，根茎中的维管形成层开始活动，向外长出韧皮，向内长出木材。

木材标本（摄于武汉自然博物馆）

木偶（摄于意大利佛罗伦萨）

　　应县木塔，始建于辽清宁二年（1056年），是世界上现存最高大、最古老纯木结构楼阁式建筑

（紫檀木）新者色红，旧者色紫，有蟹爪纹，新者以水揩之，色能染物。

——明·曹昭《格古要论》

梁与枋墙用楠木、槠木、樟木、榆木、槐木。

——明·宋应星《天工开物·舟车》

木屑竹头，皆为有用之物。

——明·程登吉《幼学琼林·人事》

纹若槟榔，味若檀麝，以手扣之，玎珰如金玉。

——清·曹雪芹《红楼梦》

很多树木都会被用作铁路枕木，但是常用的是花旗松、铁杉、南方松，还有各种橡树和胶树。

——［美］詹姆斯·鲍比克，拿俄米·巴拉班，桑德拉·博克
《探秘生物世界》（庄星来　译）

毫无疑问的是，无论从科学、艺术、精神、工程的角度，还是从商业的角度来看，树木都是很酷的东西。很少有其他生物可以在美貌、规模、寿命、生态和使用价值上与树木相媲美。

——［英］艾米·简·比尔《嘭！大自然超有趣》
（林洁盈　译）

我很关注森林中的乔木和灌木，它们在许多领域都发挥着作用，如建筑、家具、农业、食物和药材。

——［美］凯瑟琳·赫伯特·豪威尔
《植物传奇：改变世界的27种植物》（明冠华，李春丽　译）

在威尼斯，锻造商船和军舰部件、配制黑火药的是桤木，撑起家园的也是桤木基桩。

——［英］乔纳森·德罗里《环游世界80种树》
（柳晓萍　译）

宁可没有黄金，也不能没有木头。

—— ［英］约翰·伊夫林（林金源 译）

燃烧着的木块，熊熊地生出火光，叫道："这是我的花朵，我的死亡。"

—— ［印度］罗宾德罗那特·泰戈尔《泰戈尔诗选》

（郑振铎，王立 译）

【植物之最】比重最小的木材

轻木（*Ochroma lagopus*）木材比重比栓皮栎的栓皮还要轻一半。1 米^{3}轻木木材重147千克。

人物简介

宋应星（1587—?） 明朝著名科学家。主要作品有《天工开物》《野议》《论气》《谈天》《思怜诗》。

约翰·伊夫林（John Evelyn，1620—1706） 英国作家，英国皇家学会创始人之一。代表作品有《戈多尔芬夫人的一生》《日记》。其中，《戈多尔芬夫人的一生》是17世纪令人感动的传记作品。

12 纤维植物

从植物中取得的纤维有韧皮纤维和种子的表皮毛，如棉花、亚麻（*Linum usitatissimum*）、大麻（*Cannabis sativa*）。

棉花（摄于新疆和田）

仓廪实，则知礼节；衣食足，则知荣辱。

——春秋·管仲《管子·牧民》

凡事皆须务本。国以人为本，人以衣食为本。

——唐·吴兢《贞观政要·务农》

寒，然后为之衣；饥，然后为之食。

——唐·韩愈《原道》

昼出耘田夜绩麻，村庄儿女各当家。

童孙未解供耕织，也傍桑阴学种瓜。

——宋·范成大《四时田园杂兴》

许多城市中文明人，把一个夏天完全消磨到穿软绸衣服、喝精美饮料以及种种好事情上面。

——沈从文《萧萧》

在塑料问世之前，人们渴求获得一种既经济，又能满足从涂料、地毯、篮子到食品和饮料等的生产材料，椰子就是这种天赐的恩惠。

——［英］比尔·劳斯《改变历史进程的50种植物》

（高萍 译）

没有哪种丝线能像棉花那样洁白，没有哪种织物能像棉花那样柔顺。

——［美］凯瑟琳·赫伯特·豪威尔

《植物传奇：改变世界的27种植物》（明冠华，李春丽 译）

【植物之最】最早用于造纸的植物

在公元前3000年前，古埃及人利用纸莎草（*Cyperus papyrus*）制成历史上最早、最便利的书写纸。

人物简介

吴兢（670—749） 唐朝史学家。代表作品有《贞观政要》。

范成大（1126—1193） 南宋文学家、诗人。主要作品有《石湖集》《揽辔录》《吴船录》《吴郡志》《桂海虞衡志》等。

沈从文（1902—1988） 中国著名作家。代表作品有《长河》《边城》等。

沈从文

13 染料植物

植物的根、茎、叶、花、果实、种子中的色素可以作为染料。植物染料染的织物，色彩自然，经久不褪。

茜　草

植物染色在我国历史上占据着非常重要的位置，古人将颜色分为正色和间色，正色指红、黄、蓝三原色和黑、白两极色，其余颜色均为间色。

染红色的植物很多，其中人们使用最广泛的主要有茜草、红花和苏木三种。就染出颜色的饱和度与牢固度而言，红花最高，茜草次之，苏木最低，正好满足了人们对多种红色的需求。

"天地玄黄"，在古代，黄色被认为是大地的颜色，也是帝后服饰的颜色。古时用于染黄色的植物非常多，主要有栀子、拓黄等。长沙马王堆一号汉墓出土的"金黄色绣线和土黄色的丝织物"便是由栀子染成。但它染出的色泽虽好，却不耐日晒。

在多种植物染料中，蓝靛是应用较广的一种。蓝靛色泽浓艳，牢度好，一直受到人们喜爱。蓝色染料的主要来源是木蓝（*Indigofera tinctoria*）叶。

木蓝叶片

青，取之于蓝，而青于蓝。

——战国·荀况《荀子·劝学》

物有无穷好，蓝青又出青。

——唐·吕温《青出蓝诗》

14　植物培育

农业包括种植和养殖，由人工培育来获得产品。作物是为满足人类需要而栽培的植物。庄稼是人们日常所食用的一些谷物作物。

三角梅（*Bougainvillea glabra*）嫁接培育，同一砧木上开出了不同品种的花（摄于广西北海）

凡植木之性，其本欲舒，其培欲平，其土欲故，其筑欲密。

——唐·柳宗元《种树郭橐驼传》

栽培剪伐须勤力，花易凋零草易生。

——宋·苏舜钦《题花山寺壁》

如果农业并没有令食物变得质量更高、来源更稳定、更容易获得，反倒似乎让食物变得更粗略、更不稳定，还要耗费更多的劳动力，那么，为什么还有人务农呢？

——［美］马克·内森·科恩（侯畅 译）

由于只有一个生长季可供生存和繁殖，一年生植物无须长出持久的茎和叶，但必须产出又多又大的种子，以使自己成为吸引人的种植对象。

——［美］索尔·汉森《种子的胜利：谷物、坚果、果仁、
豆类和核籽如何征服植物王国，塑造人类历史》

（杨婷婷 译）

大约12000年前，世界上许多地区的人类都开始培育野生的种子植物。从狩猎采集者变为农夫。

——［美］迈克尔·C.杰拉尔德，格洛丽亚·E.杰拉尔德
《生物学之书》（傅临春 译）

敦比德克领主劝告儿子："乔克，如果你无所事事，不妨种棵树吧！当你睡觉时，树会渐渐长大。"

——［英］马克斯·亚当斯《树的智慧》（林金源 译）

一般意义上的园艺就是极力模仿自然条件下的植物生长。

——N.B.沃德，《密闭玻璃容器中植物的生长》

（明冠华，李春丽 译）

满满一屋瓜果，在双目与太阳之间展现出一片厚重的由绿叶组成的幕墙。墙下挂着果实，自然得就如同那些缠绕在自己原生地的树木上的植物一般。

——［英］比尔·劳斯《改变历史进程的50种植物》

（高萍 译）

燕麦，豌豆，豆子，大麦在生长，燕麦，豌豆，豆子，大麦在生长，大家是否知道燕麦，豌豆，豆子，大麦怎么生长？

首先，农民播下种子，然后站起身子休息一下，他踩一踩脚，拍一拍手，然后转身看看他的土地。

……

一粒种子降落到合适的土壤中并长大的概率多么微乎其微！

　　　　——〔美〕索尔·汉森《种子的胜利：谷物、坚果、果仁、
　　　豆类和核籽如何征服植物王国，塑造人类历史》

　　　　　　　　　　　　　　　　　　　　　　（杨婷婷 译）

　　每棵硕果累累的橡树结出上万颗橡子，深秋的暴风雨将它们撒播到各地；每棵孕育生命的蒴果掉落上万粒种子，从随风摇曳的花朵里撒播到各地。

　　　　　　　——〔英〕伊拉斯谟斯·达尔文《自然的圣殿》

　　　　　　　　　　　　　　　　　　　　　　（杨婷婷 译）

【植物之最】最典型的农业现代化国家

　　美国广泛使用农业机械来提高农业生产率和农产品总产量。美国农业机械化程度居世界第一，平均每个农场耕种土地近2.4万亩（1亩≈666.7米^2）。全国直接从事农业生产的人口约600万人，使美国成为全球最大的农产品出口国。

柳宗元

人物简介

　　柳宗元（773—819）　唐宋八大家之一，唐代文学家、哲学家、散文家和思想家。代表作品有《溪居》《江雪》《渔翁》。

　　苏舜钦（1008—1048）　北宋诗人。著有《苏学士文集》诗文集、《苏舜钦集》16卷。

苏舜钦

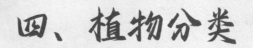

四、植物分类

01 植物猎人

英国托比·马斯格雷夫等著的《植物猎人》是一本人物志。它所讲述的是发生在18～20世纪的10位主人公传奇的经历，即一些植物是怎么从遥远的美洲奔赴英伦的，如何从热带雨林里的寻常客一跃而成为欧洲植物园的座上宾的。

《植物猎人》

作为一个旅行者和植物学家，我那近乎异想天开的梦想终于要实现了，我无法用语言向您形容我此时的狂喜。

——[英]约瑟夫·道尔顿·胡克给
父亲威廉·杰克逊·胡克的信

弯曲的叶子伸展出一丛花茎，像怒海上纤细的桅杆，这就是它吸引人的地方。盛开在河边沼泽地上的一簇簇巨伞钟报春（*Primula asarifolia*）几乎将小溪阻断，这是西藏高原的典型景观……花朵是如此的稠密，当它们从花蓬中跌落时，就好像一丛黄色星星射向地面，煞是壮观。

……

植物猎人起了不可估量的作用。他们冒险走入未知的领域，宿山巅，卧湿谷，渡险川，涉泥泞，才把养在深闺的植物"娇娘"引嫁到异域他乡，演绎了植物的变迁历史，也永久地改变了园艺景观，让人类的园艺王国由此变得愈发千娇百媚起来。

——[英]托比·马斯格雷夫，克里斯·加德纳，威尔·马

斯格雷夫《植物猎人》（杨春丽，袁瑀 译）

我深信这是亚洲最迷人的地区之一：多姿多彩的高山花卉，数不尽的野生动物，异域风情的民族部落，以及复杂的地理构造。只要能在这儿游荡几年，我就心满意足了：攀登险峰，踏着厚厚的积雪，和暴风雨作战，徜徉于温暖幽深的峡谷里，眼前是奔腾怒吼的河流，最重要的是还可以结交勤劳勇敢的部落人。这一切让我感到血液在血管里流动，心情安详平静，肌肉结实紧绷。

——［英］弗兰克·金敦·沃德《蓝花绿绒蒿的原乡》

（何大勇 等 译）

霎时间，所有的烦恼和苦难都被忘却；作为一名植物学家多么幸福！这么多巨型叶子，五六英尺宽……这么多娇艳盛开的花儿，每朵都有很多片花瓣，它们的颜色渐进变化，从纯白到玫瑰红，再到粉红……当划船穿越于花丛中时，我总能发现新的惊喜。

——［爱尔兰］罗伯特·伯克，1837年在英属圭亚那地区的

探险行动（明冠华，李春丽 译）

植物的性状源于其种属，而非植物的种属造就者。

——［瑞典］卡罗勒斯·林奈（高萍 译）

人物简介

约瑟夫·道尔顿·胡克（Joseph Dalton Hooker，1817—1911）英国植物学家，著有《植物种类》。

弗兰克·金敦·沃德（F.Kingdon Ward，1885—1958） 英国植物学家、地质学家。

罗伯特·伯克（Robert Burke，？—1861） 爱尔兰探险家。

02 植物分类

鉴于植物的多样性，我们必须对植物进行分类。历史上，植物分类依据植物的形态，特别是花和果实结构及植物所含的化学物质来确定，而今则依靠DNA来确定。

秦岭植物园展示的植物标本

秦岭植物园展示的木材标本

方以类聚，物以群分。

——《周易·系辞上》

若网在纲，有条而不紊。

——《尚书·盘庚上》

树上悬瓠，非木实也。
背上披裘，非脊毛也。

——晋·杨泉《物理论》

我们必须从植物的形态、它们在外界条件下的行为、其生长模式及整个生命历程的角度思考植物有别于他物的特质及普遍本质。

——[英] 比尔·劳斯《改变历史进程的50种植物》

(高萍 译)

[波兰] 卜弥格的《中国植物志》是有关亚洲的最古老、最罕见的博物学著作。

——[英] 朱迪丝·马吉（Judith Magee）《博物学家的传世

名作：来自伦敦自然博物馆的博物志典藏》

(吴宝俊，舒庆艳 译)

一千多种名称不同的梨只属于一个种，而那些依据果实的形状和味道划分出的众多所谓的"种"，实际上都只是变种。

——[法] 让-雅克·卢梭《植物学通信》

植物其实可以划分为数百个不同的"家族"——在植物学上称为"科"。植物学家运用有关植物家族的历史和亲缘关系的知识，把超过25万种植物巧妙地编组成科，从而为植物界带来了某种意义和秩序。

——罗斯·贝顿等《英国皇家园艺学会植物分类指南：

75科常见植物的鉴赏与栽培》

【植物之最】植物分类的开端

公元前476 ~ 公元前222年，战国末期《尔雅》将植物分为"草"和"木"两大类。公元前322年，希腊人泰奥弗拉斯托斯给大约500种植物进行了分类。1686—1704年，英国博物学家约翰·雷（John Ray，1627—1705年）发表了《植物历史》，试图以一个更接近于自然的系统进行分类，对约18000种植物进行分类。1789年，法国植物学家安托万·罗兰·德朱西厄（Antoine-Laurent de Jussieu，1748—1836）发表的《植物种类》，在植物分类中设"科"。

人物简介

杨泉　西晋时期哲学家，道家崇有派代表人物。主要作品有《物理论》《蚕赋》《织机赋》等。

泰奥弗拉斯托斯（Theophrastus，公元前371—公元前287）古希腊哲学家和科学家。以《植物志》《植物之生》《论石》《人物志》等作品传世，《人物志》尤其有名，开西方"性格描写"的先河。

朱迪思·马吉（Judith Magee）　伦敦自然历史博物馆艺术品收藏馆研究员。曾参与《植物发现：植物学空探索之旅》的创作。

让-雅克·卢梭（Jean-Jacques Rous-seau，1712—1778）　法国启蒙思想家、哲学家，启蒙运动代表人物之一。主要著作有《论人类不平等的起源和基础》《社会契约论》《爱弥儿》《忏悔录》《新爱洛伊丝》《植物学通信》等。

让-雅克·卢梭

03 植物命名

植物种类数量庞大，我们需要对千差万别的植物进行命名，使其名称统一。这是识别植物和利用植物前的一门必修课。

所以谓，名也。所谓，实也。名实耦，合也。

——战国·墨翟《墨子·经说上》

以名举实，以辞抒意，以说出故，以类取，以类予。

——战国·墨翟《墨子·小取》

名字中有什么呢？把玫瑰叫成别的名字，它还是一样的芬芳。

——[英] 威廉·莎士比亚《罗密欧与朱丽叶》

【植物之最】 植物拉丁名创始人

洋葱的名称与它的品种一样多，因此瑞典博物学家卡尔·冯·林奈对洋葱进行命名，他首先构想出定义生物属种的原则，并创造出统一的生物命名系统。他在1753年出版的《自然系统》《植物种志》中，建立了动植物分类的双名法。人类面对植物复杂名称的困难从此得以解脱。

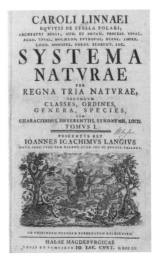

《自然系统》

04 菊　　科

　　菊科（Asteraceae）是植物界第一大科，约有1000属，25000～
30000种，为草本植物，广布于世界，热带较少。菊科植物多数小花
密集排列，外覆以总苞片而形成一致的头状花序。

大丽花（*Dahlia pinnata*）花期长、花径大、花朵多，是世界名花之一

秋风起兮白云飞，草木黄落兮雁南归。
兰有秀兮菊有芳，怀佳人兮不能忘。

——汉·刘彻《秋风辞》

荷香销晚夏，菊气入新秋。

——唐·骆宾王《晚泊江镇》

不是花中偏爱菊，此花开尽更无花。

——唐·元稹《菊花》

待到秋来九月八，我花开后百花杀。

冲天香阵透长安，满城尽带黄金甲。

——唐·黄巢《不第后赋菊》

宁可枝头抱香死，何曾吹落北风中。

——宋·郑思肖《寒菊》

《采菊图》唐寅，现藏于台北故宫博物院

人物简介

刘彻（公元前156—公元前87） 西汉第七位皇帝，杰出的政治家、战略家、诗人。

骆宾王 唐代诗人，与王勃、杨炯、卢照邻合称"初唐四杰"。主要作品有《代李敬业讨武曌檄》《帝京篇》《畴昔篇》等。

元稹（779—831） 唐朝诗人、文学家。代表作品有《莺莺传》《菊花》《离思五首》《遣悲怀三首》等。

黄巢（？—884） 唐朝末年农民起义领袖。粗通笔墨，少有诗才。

郑思肖（1241—1318） 宋末诗人、画家。有诗集《心史》《郑所南先生文集》《所南翁一百二十图诗集》等。

刘 彻

郑思肖

05 兰 科

兰科（Orchidaceae）是植物界第二大科，约有700属，20000种，是单子叶植物中最大的科，与双子叶植物相比，其种数仅次于菊科。世界上大约五分之一的开花植物都来自兰科。

蝴蝶兰（*Phalaenopsis aphrodite*）开出花朵形如蝴蝶飞舞

树 兰

兰秋香不死，松晚翠方深。

——唐·李群玉《赠元绂》

蕙兰有恨枝犹绿，桃李无言花自红。

——宋·欧阳修《舞春风》

春兰秋菊，各有一时之秀也。

——宋·洪兴祖《楚辞·九歌·礼魂》

著意闻时不肯香，香在无心处。

——宋·曹组《卜算子·兰》

人物简介

李群玉　唐代诗人，与齐己、胡曾被列为唐代湖南三诗人。《全唐诗》收录了263首他的诗。

欧阳修（1007—1072）　北宋政治家、文学家，且在政治上负有盛名。主要成就是参与撰写了《新唐书》，并独撰《新五代史》。

洪兴组　南宋学者、楚辞研究者。著有《楚辞补注》《老庄本旨》《周易通义》等。

欧阳修

06 豆 科

豆科（Fabaceae）是植物界第三大科，约有650属，18 000种，有乔木、灌木或草本。豆科植物蛋白质含量高，是重要的粮食作物和饲用植物。花冠蝶形，最上方的一片花瓣最大，为旗瓣。果为荚果。

豆麦之种，与稻粱殊，然食能去饥。

——汉·王充《论衡·率性篇》

山翁留我宿又宿，笑指西坡瓜豆熟。

——唐·贯休《春晚书山家屋壁二首》

豌豆花开花蕊红，豌豆结荚好留种。来年种下小豌豆，开满了鲜花到处红。

——清·民歌《豌豆花开花蕊红》

贯 休

香豌豆花，踮起脚要飞翔；娇羞的红晕点缀着细腻洁白的翅膀；修长的手指紧握着大地；纤细的藤蔓环绕在一起。

——［英］约翰·济慈《恩底弥翁》（高萍 译）

人物简介

约翰·济慈（John Keats，1795—1821） 英国诗人，浪漫派的主要成员。著有《伊莎贝拉》《圣艾格尼丝之夜》《海壁朗》《夜莺颂》《希腊古瓮颂》《秋颂》等。

07 禾本科

禾本科（Gramineae）是植物界第四大科，约有700属，约10000种。它是单子叶植物中仅次于兰科的第二大科。禾本科植物都会开花，但是很少有人见到或认出它的花。人类最重要的粮食作物来自禾本科。禾本科植物生命周期短，人类收获了一季粮食后就可以进行下一轮的耕种。它的种子可长期存放，不易变质，所以许多种类成了主要的粮食作物。

生长在宁夏石嘴山市沙湖的芦苇

辽宁营口市一处稻田

八月深秋，无边无际的高粱红成汪洋的血海。高粱高密辉煌，高粱凄婉可人，高粱爱情激荡。秋风苍凉，阳光很旺，瓦蓝的天上游荡着一朵朵丰满的白云，高粱上滑动着一朵朵丰满的白云的紫红色影子。

——莫言《红高粱家族》

身边的那片田野啊，手边的枣花香，高粱熟来红满天，九儿我送你去远方……

——何其玲，阿鲲《九儿》

小麦并不是唯一具有影响力的草本农作物。玉米、燕麦、大麦、黑麦、小米和高粱也是草，更不用说几千年以来亚洲饮食的基础——大米了。

……

我终于干净利落地切开了一粒（麦粒），看到里面的关键特征：大量淀粉颗粒在显微镜下犹如块状玻璃一般闪闪发光。

——[美] 索尔·汉森《种子的胜利：谷物、坚果、果仁、
豆类和核籽如何征服植物王国，塑造人类历史》

（杨婷婷 译）

食物是文明发展的推动力，而在温带地区，小麦就是这种推动力的燃料。

——[英] 比尔·劳斯《改变历史进程的50种植物》

（高萍 译）

令人惊讶的是，我们从植物中获取的热量和蛋白质超过一半是仅由三种作物提供的：玉米、水稻、小麦。

——[英] 约翰·沃伦《餐桌植物简史：蔬果、谷物和香
料的栽培与演变》（陈莹婷 译）

小麦储存量充足，在被长期围困的情况下能够满足需求，酒

玉米（摄于南太行）

和油也很充足，各种各样的豆子和海枣堆积在一起。

——提图斯·弗拉维斯·约瑟夫斯《犹太战争史》

（杨婷婷 译）

【植物之最】对人类文明发展推动力的最大的作物

小麦（*Triticum aestivum*）是一种世界各地广泛种植的作物。每个麦粒就是一个小型的食物能量储存器，储存着高能的蛋白质、淀粉、矿物质及维生素。小麦的颖果是人类的主食之一，磨成面粉后可制作面包、馒头、饼干、面条等，发酵后可制成啤酒、白酒。两河流域是世界上最早栽培小麦的地区。

人物简介

提图斯·弗拉维斯·约瑟夫斯（Titus Flavius Josephus，37—约100）古罗马时代犹太历史学家。

08 蔷 薇 科

　　蔷薇科（Rosaceae）是植物界第五大科，约有124属，3300余种。蔷薇科所有的花都是离瓣花，且花瓣通常5片。

月季（*Rosa chinensis*）

红彤彤的苹果（摄于营口）

不向东山久，蔷薇几度花。

白云还自散，明月落谁家。

——唐·李白《忆东山二首》

昨夜江南春雨足，桃花瘦了鳜鱼肥。

——清·孙原湘《观钓者》

百分桃花千分柳，冶红妖翠画江南。

——清·张问陶《阳湖道中》

佛光塔影净无尘，几点樱花迎早春。

——老舍《奈良东大寺》

玫瑰毫无疑问能让所有人微笑。

——[美]丹尼尔·查莫维茨《植物知道生命的答案》

（刘夙 译）

他俩的嘴唇就像枝上的四瓣红玫瑰，在其夏季的温馨中彼此亲吻。

——[英]威廉·莎士比亚《理查三世》

"玫瑰，"我唱道，"或粉红或苍白，它像少女燃烧的激情，炽爱与嫉妒轮番呈现。它的蓓蕾是等待接吻的嘴唇；开放的花朵如一片片幸福的绯红，落在情人的脸颊上。"

——贝亚德·泰勒《罕桑·本·哈立德》

……在人们收到的花中，月季具有千变万化的天赋，是任何花都比不了的……

——英国DK出版社《DK植物大百科》（刘夙，李佳 译）

【植物之最】启示发现万有引力定律的植物

早在17世纪，英国物理学家艾萨克·牛顿（Isaac Newton）在树下见到一个苹果掉了下来。他望着掉下的苹果，疑惑不解：苹果为什么会掉下来？为什么不飞到天上去？这肯定是有什么力量在牵引着它。后来，在苹果落地的启发下，牛顿于1687年发现了万有引力定律。万有引力定律是物体间相互作用的一条定律。任何物体之间都有相互吸引力，这个力的大小与各个物体的质量成正比，而与它们之间的距离的平方成反比。

人物简介

孙原湘（1760—1829） 清代诗人。主要作品有《天真阁集》。

张问陶（1764—1814） 清代诗人、诗论家、书画家。主要作品有《船山诗草》。

老舍（1899—1966） 本名舒庆春，中国现代小说家、著名作家，杰出的语言大师。著有长篇小说《小坡的生日》《猫城记》《牛天赐传》《骆驼祥子》等。

丹尼尔·查莫维茨（Daniel Chamovitz）美国科普作家、植物学家。著有《植物知道生命的答案》。

老　舍

五、植物与环境

01 生物圈

　　生物圈是地球上凡是出现生命并受到生命活动影响的地区，它是人类诞生和生存的空间。生物圈的范围包括大气圈的下层、岩石圈的上层、整个水圈和土壤圈全部。生物圈是地球上最大的生态系统。4.7亿年前，最早的陆生生态系统形成。

沙漠、湿地、绿树、蓝天组成的生态系统（摄于新疆）

绿草、蓝天、白云组成的生态系统

瑞士阿尔卑斯山上常年积雪

非其地而树之，不生也。

——汉·刘向《说苑·杂言》

生物圈大约从39亿年前开始进化，当时刚刚出现第一个单细胞有机体。

—— [美] 迈克尔·C.杰拉尔德，格洛丽亚·E.杰拉尔德
《生物学之书》（傅临春 译）

生物圈为地球表面上生命居住之所。

—— [奥地利] 爱德华·修斯

人物简介

刘向（约公元前77—公元前6） 原名刘更生，汉朝经学家、目录学家、文学家。主要作品有《新序》《说苑》《列女传》《别录》《刘子政集》。

02 植物与环境

植物个体在发育的过程中，需要从周围环境中获取所必需的物质和能量，同时又将代谢产物排放到环境中去。植物在适应环境的同时，也改造和影响着环境。

吐鲁番的葡萄沟成了绿洲

四川峨眉山市街头屋顶植物环境

水绿天青不起尘，风光和暖胜三秦。

——唐·李白《上皇西巡南京歌十首》

风如拔山怒，雨如决河倾。

屋漏不可支，窗户俱有声。

乌鸢堕地死，鸡犬噤不鸣。

——宋·陆游《大风雨中作》

月光下面的凤尾竹，轻柔美丽像绿色的雾。

——倪维德《月光下的凤尾竹》

人类，救救我吧！今年我已经46亿岁了。我在反思，或许我真的老了，或许我真的病了。我知道人类总在抱怨：抱怨我周身温度升高，抱怨我身上的营养不足，难以养活所有的人口，抱怨各地旱的旱，涝的涝，抱怨空气越来越污浊，环境不如以前那样好……我很苦恼。看看被石油弄脏的海水，那是我的血液；看看干旱焦灼的土地，那是我的皮肤；可怜可怜失去了家园的动物，它们本与你们同源。

——《地球自白：人类，救救我吧》

水、土壤和由植物构成的大地的绿色斗篷组成了支持着地球上动物生存的世界。

……

我们冒着极大的危险竭力把大自然改造得适合我们的心意，但却未能达到我们的目的，这确实是一个令人痛心的讽刺。

——［美］蕾切尔·卡森《寂静的春天》

（吕瑞兰，李长生 译）

在人类文化的发展过程中，人与植物环境维持着一种亲密的关系，一种极为重要的生死关系。

——［法］克莱尔·洛兰（袁俊生 译）

最好的树种，长在森林里就是大树，种在花盆里就高不过一米，成为盆景。这不是种子的错，是盆容量的问题。

—— [孟加拉] 穆罕默德·尤努斯

【植物之最】植物与动物共生关系的典范

蚁栖树（*Cecropia peltata*）中空的躯干是益蚁的理想住宅。每当啮叶蚁前来侵犯它的住宅时，益蚁都会驱逐啮叶蚁，保卫树叶安然无恙。益蚁保护蚁栖树，而蚁栖树的每个叶柄基部，长着一丛细毛，其中长出一个的小球是由蛋白质和脂肪构成的，可以作为益蚁的食物。蚁栖树与益蚁的这种相依为命的关系，称为共生关系。

生长在厦门植物园的蚁栖树

人物简介

倪维德（1933—1995）词作家。主要作品有《祖国大地任我走》《月光下的凤尾竹》。

穆罕默德·尤努斯（Muhammad Yunus, 1940—）孟加拉国经济学家，孟加拉乡村银行的创始人。

穆罕默德·尤努斯

03 食草动物

　　动物是自然界中生物的一大类，多食用有机物，有神经，有感觉，能运动。食草动物是以植物为主要食物、对纤维素的消化能力强的动物。

　　鸭头绿一江浪花，鱼尾红几缕残霞。

——元·无名氏《中吕·满庭芳》

　　白马岩中出，黄牛壁上耕。

——明末清初·费密《栈中》

　　踏遍松阴何忍去，依依小鹿送游人。

——老舍《奈良东大寺》

　　雨中的树林是个童话世界，走进去你就会变成一个小精灵。每棵树都会送给你很多喜悦，你还会发现很多新奇的事情。晶莹的雨珠滚动在叶面上，蜘蛛吐丝给你串一串项链，落花铺成的地毯又软又香，还有青蛙击鼓跳舞为你表演。鸟儿在雨中也愿一展

重走丝绸之路（摄于敦煌）

歌喉，听歌的松鼠摇着毛茸茸的尾巴，细雨淋过的浆果酸甜可口，刺猬扎满了一身运回了家。连那些小雨点儿都会变魔术，落在地上立刻就变成了蘑菇。

——宋建忠《最柔情的田园诗歌》

从前，在美国中部有一个城镇，这里的一切生物看起来与周围环境相处得很和谐。这里庄稼遍布，小山下果树成林。春天，繁花像白色的云朵点缀在绿色的原野上；秋天透过松林的屏风，橡树、枫树和白桦射出火焰般的彩色光辉，狐狸在山上吠鸣，鹿群静悄悄地穿过笼罩着秋天晨雾的原野……

如果没有向桑，就不会有伟大的丝绸之路。

——［英］乔纳森·德罗里《环游世界80种树》

（柳晓萍 译）

【植物之最】"筑建"丝绸之路的植物

桑（*Morus alba*）支撑的养蚕和丝绸业导致丝绸之路诞生。丝绸之路至今已有2000多年的历史，加速了东西方物质交流。

04 共享大自然

　　水、空气、山脉、河流、微生物、植物、动物、地球、宇宙都属于大自然的范畴。同在蓝天下，共享大自然。我们要把保护野生动植物的理念内化于心、外化于行，共同促进人与自然和谐共生，让地球永远充满生机与活力，让人类生生不息。

走进大自然——穿越小兴安岭林区（2014年）

澳大利亚一女子在一处绿地享受大自然（摄于悉尼）

"难以尽数的悦目橡树"在他有生之年被"放牧在绿毯上的"绵羊和公牛吞噬殆尽。

——[英] 诺丁汉郡的一位历史学家（1641年）

我对人类感到悲观，因为它对自己的利益太过精明。我们对待自然的办法是打击并使之屈服。如果我们不是这样的多疑和专横，如果我们能调整好与这颗行星的关系，并深怀感激之心对待它，我们本有更好的存活机会。

——[美] 埃尔温·布鲁克斯·怀特

当人类向着他所宣告的征服大自然的目标前进时，已写下了一部令人痛心的破坏大自然的记录，这种破坏不仅直接危害了人们所居住的大地，而且危害了与人类共享大自然的其他生命。

……

"控制自然"这个词是一个妄自尊大的想象产物，是当生物学和哲学还处于低级幼稚阶段时的产物，当时人们设想中的"控制自然"就是要大自然为人们的方便有利而存在。

——[美] 蕾切尔·卡森《寂静的春天》（吕瑞兰，李长生 译）

大自然（油画,摄于大连）

我一直都热爱这里的自然，它有点像日本画，一旦爱上它，你对它就不会有第二种心思。

——［荷兰］文森特·威廉·梵高《给提奥·梵高的信》

（刘凤，李佳 译）

神迹与自然并不相悖，只是与我们对自然的理解相悖。

——［罗马帝国］奥古斯丁

【植物之最】面积最大的热带雨林

亚马孙河滋润着800万平方千米的广袤土地，孕育了世界最大的热带雨林。这里物种繁多，生态环境复杂。地球上动植物种类的五分之一都能在这里找到。

人物简介

文森特·威廉·梵高（Vincent Willem van Gogh，1853—1890）荷兰后印象派画家。代表作品《星夜》《向日葵》《有乌鸦的麦田》等。

埃尔温·布鲁克斯·怀特（Elwyn Brooks White，1899—1985）美国散文家、诗人、讽刺作家、儿童文学作家等。

奥古斯丁（354—430）又名希波的奥古斯丁（Augustine of Hippo），基督教神学家、哲学家。主要作品有《上帝之城》《忏悔录》。

文森特·梵高

05 森　　林

　　森林是乔木与其他植物、动物、微生物和土壤之间相互依存、相互制约，并与环境相互影响，从而形成的一个生态系统。

北纬62°加拿大耶洛奈夫森林（夜间摄）

西藏墨脱林区

长松落落，卉木蒙蒙。

———汉·杜笃《首阳山赋》

木欣欣以向荣，泉涓涓而始流。

———晋·陶渊明《归去来兮辞》

万壑树参天，千山响杜鹃。

———唐·王维《送梓州李使君》

耳根无厌听佳木，会尽山中寂静源。

———唐·皮日休《奉和鲁望闲居杂题五首·醒闻桧》

丰草绿缛而争茂，佳木葱茏而可悦。

———宋·欧阳修《秋声赋》

原始森林客始来，松针已落几千回。

参天古木横山倒，遍地杂花带露开。

———老舍《大兴安岭原始森林》

你是榆树，我的丈夫，我是葡萄藤，我的柔弱依托于你的坚强，让我能够借助你的力量而说话。

——［英］威廉·莎士比亚《错误的喜剧》

绿草求她地上的伴侣。

树木求他天空的寂寞。

——［印度］罗宾德罗纳特·泰戈尔《飞鸟集》（郑振铎 译）

成簇的花朵令人愉悦，而成群的树则发人省思，助人冥想。

……

从马路转入森林，你实际上已经穿越一道此刻在你身后闭合起来的门，平日的世界连同它的一切喧闹、悲伤和忧虑都被摒除于外。

——［英］约翰·斯图尔特·科利（林金源 译）

这些树组成的森林如此壮观，让人目不暇接，无法凝视。

——大卫·道格拉斯（David Douglass）（侯畅 译）

新疆喀纳斯森林

日本富士山森林

森林是至仁至善的稀罕有机体，它们受苦受难不求回报，还慷慨奉献出生命中的一切产物。森林庇护众生，甚至对于伤害它的樵夫，也不吝为其提供凉荫憩地。

——佛陀（林金源 译）

【植物之最】森林覆盖率最高的国家之一

日本森林覆盖率占陆地面积的69%，是世界上森林覆盖率最高的国家。在日本，除了富士山顶外，几乎所有的山麓都被森林覆盖。

人物简介

陶渊明　东晋诗人、辞赋家。主要作品有《桃花源记》《归去来兮辞》《陶渊明集》。

皮日休（约838—约883）　晚唐诗人、文学家。主要作品《皮日休集》《皮子文薮》《皮氏鹿门家钞》。

陶渊明

06 滥伐森林

　　历史早期，对森林的采伐在人们看来都是既合情又合理的行为。现今出台了森林法规，即便经过了林业主管部门批准，但不按采伐许可证规定的地点、树种、数量、采伐方式和技术等要求任意采伐森林或其他林木，这种行为就是滥伐森林。

已被砍伐了的树木

　　老樵夫，自砍柴。捆青松，夹绿槐。茫茫野草秋山外，丰碑到处是荒冢。

——清·郑燮《道情》

　　自20世纪60年代以来，亚马孙流域独特的生物多样性遭到了森林采伐的威胁。森林采伐一直持续到21世纪初。

——［美］迈克尔·C.杰拉尔德，

格洛丽亚·E.杰拉尔德《生物学之书》（傅临春 译）

新西兰红杉林

巨大的红杉，它们强大而有力量，经受住了几个世纪的考验，却在大型锯机充满威胁的嚎叫声中微微颤抖，在它发动机的轰鸣声中轻轻晃动；在劈砍的暴虐中呻吟，在钢齿间被撕裂。砍伐遍布森林的心脏地带，越发逼近，越令树木从巍巍高山之巅，发出求救的呼喊。

——［英］查尔斯·沃特金斯《人与树：

一部社会文化史》（王扬 译）

湖上的芦苇已经枯萎，也没有鸟儿歌唱。

——［英］约翰·济慈

维护和改善人类环境已经成为人类一个紧迫的目标。

为了在自然界里取得自由，人类必须利用知识在与自然合作的情况下，建设一个良好的环境。

——1972年联合国召开的人类环境会议发表的

《人类环境宣言》

只有一个地球——一齐关心，共同分享。

　　　　　　　　　　——1992年世界环境日的主题

世界环境退化的严重性仅次于核毁灭的威胁。

　　　　　　　——1986年12月美国《基督教科学箴言报》

征询16位世界著名思想家关于21世纪议事日程的看法时，

　　　　　　　　　　　　　　　被采访的大多数人指出

【植物之最】历史上最严重的滥伐森林

17世纪以后，由于商业利益的驱使，滥伐森林的现象愈演愈烈。直到用钢材造船以后，滥伐森林才稍有收敛。19世纪后半叶，"造船之风"过后，木材又被用于修筑铁路，于是新的一轮滥伐森林开始了。事实上，造成历史上最严重的滥伐森林的不是商业利益的驱使，而是毁林造田。

亚马逊森林遭到砍伐

07 濒危植物

环境的变化或人为因素导致一些植物濒危。其中，人为因素主要表现在人口过多导致动植物栖息地被破坏，使全球物种濒危或灭绝。

鸽子树（*Davidia involucrata*）已被列为国家一级重点保护野生植物，为中国特有的单属植物，属孑遗植物（摄于郑州）

金花茶是唯一具有金黄色花瓣的品种,是国家一级、世界二级珍稀保护植物
（摄于广西防城港）

人众则食狼，狼众则食人。

——汉·刘安《淮南子·说山训》

麦行千里不见土，连山没云皆种黍。

——宋·王安石《后元丰行》

老家的这些植物大多早就消失了，它们在高密的土地上是否还存活着？自由地生长，快乐地歌唱？

——莫言《红高粱家族》

我们对待植物的态度是异常狭隘的。如果我们看到一种植物具有某种直接用途，我们就种植它。如果出于某种原因，我们认为一种植物的存在不合心意或者没有必要，我们就可以立刻判它死刑。

——［美］蕾切尔·卡森《寂静的春天》

（吕瑞兰，李长生 译）

曾几何时，人类食用的植物至少有3 000种，而如今，喂养了全世界大部分人口的植物种类只剩下大约20种。

——托尼·维驰《种植食物：食品生产指南》（高萍 译）

【植物之最】世界最濒危植物

世界最濒危植物有伍德苏铁（*Encephalartos woodii*）、西洋榄（*Nesiota elliptica*）、秋海棠叶睡茄（*Withania begoniifolia*）、*Caesalpinia kauaiensis*、*Hesperomannia arbuscula*、苏曲泊贡桔桔（*Centropogon erythraeus*）、北标苏铁（*Cycas tansachana*）、华丽樱莲（*Cyanea superba*）等。

华丽樱莲

人物简介

刘安（公元前179—公元前122） 西汉时期文学家、思想家。主要作品有《淮南子》《淮南万毕术》。

08　生物入侵

生物由原生存地侵入另一个新的环境，可能对入侵地的生物多样性、农业生产及人类健康造成损害。

加拿大一枝黄花（*Solidago canadensis*）其种群扩展迅速，会导致其他植物很快退出竞争（摄于郑州）

薇甘菊（*Mikania micrantha*）已列入世界上最有害的100种外来入侵物种之一，也列入中国首批外来入侵物种（摄于华南国家植物园）

草芽弗去，则害禾谷。盗贼弗诛，则伤良民。

——春秋·管仲《管子·明法解》

千羊不能捍独虎，万雀不能抵一鹰。

——晋·葛洪《抱朴子·广譬》

美丽、协作、欺骗、寄生等是如何将陆生生命编织进一幅丰富多彩的物种地毯之中的。

——［英］克里斯托弗·劳埃德《影响地球的100种生物：
跨越40亿年的生命阶梯》（雷倩萍，刘青 译）

【植物之最】外来入侵能力最强的植物

紫茎泽兰（*Ageratina adenophora*）单株年产瘦果1万粒，借冠毛随风传播。紫茎泽兰侵占草地，会造成牧草严重减产，从而对畜牧生产形成危害。紫茎泽兰在2003年由国家环保总局（今生态环境部）和中国科学院发布的《中国第一批外来入侵物种名单》中名列第一位。

人物简介

管仲（？—公元前645） 中国古代经济学家、哲学家、政治家、军事家，被誉为"圣人之师"和"华夏文明的保护者"。

葛洪（283—363） 东晋道教理论家、炼丹术家和医学家，世称"小仙翁"。著有《抱朴子》《玉函方》《肘后备急方》。

管 仲

09 长在石头缝里的植物

植物的生存能力比我们想象得更加顽强，就连墙面、坡面、堤岸、屋顶、廊、柱、栅栏、枯树、假山上都有植物生长。

西双版纳植物园屋顶种植

石上植物

越南下龙湾山上的植物生长茂盛

幽石生芙蓉，百花惭美色。

————唐·钱起《蓝田溪杂咏二十二首·石莲花》

柏生两石间，万岁终不大。

————唐·韩愈《招杨之罘》

嘉木立，美竹露，奇石显。

————唐·柳宗元《钴鉧潭西小丘记》

咬定青山不放松，立根原在破岩中。

千磨万击还坚劲，任尔东西南北风。

————清·郑燮《题竹石》

它们（杜鹃花）孤独地盛开在光秃秃的岩石上，鲜红的花瓣映照着没有被践踏过的白雪，就像血红的床单铺在饱经风霜的岩石上。

————［英］托比·马斯格雷夫，克里斯·如德纳，威尔·

马斯格雷夫《植物猎人》（杨春丽，袁瑀 译）

【植物之最】生长在屋顶瓦片上的植物

景天科（Crassulaceae）植物为多年生肉质草本，表皮有蜡质粉，气孔下陷，可减少蒸腾，主要野生于岩石地带、山坡石缝及屋顶瓦片上。

人物简介

钱起 唐代诗人。主要作品有《湘灵鼓瑟》《过温逸人旧居》等，以《湘灵鼓瑟》最为有名。

10 全球变暖的忧思

全球变暖是指由于人类活动（大量使用石油、煤炭、天然气，砍伐森林等）导致大气中的温室气体增加，从而使全球尺度上地球表面平均温度和地表平均气温升高的现象。全球变暖使冰川和冻土消融、海平面上升等，不仅破坏自然生态系统的平衡，还威胁人类及动植物的生存。

工业排放是全球变暖的诱因

全球变暖导致冬小麦旺长，成了牧羊场（摄于河南）

秋阴不散霜飞晚，留得残荷听雨声。

——唐·李商隐《宿骆氏亭寄怀崔雍崔衮》

山川在理有崩竭，丘壑自古相虚盈。

谁能保此千世后，天柱不折泉常倾。

——宋·王安石《九井》

临风莫问秋消息，雁不思归花落迟。

——老舍《内蒙即景·其九》

我们曾经挥霍过，把青山投进炉膛，让宝贵的财富化为缕缕青烟，于是灾难降临，泥石流洪水汹涌而来，沙漠步步进逼，吞噬我们的家园。

——宗郛《偿还荒芜的青春》

更加清楚不过的是，我们正在走一条危险之路。

——［美］蕾切尔·卡森《寂静的春天》

人类已经失去预见和自制能力，人类自身将摧毁地球并随之灭亡。

——［法］艾伯特·施韦策（吕瑞兰，李长生 译）

我们长期以来一直行驶的这条道路使人容易错认为是一条舒适、平坦的超级公路，我们跑在上面高速前进。实际上，在这条路的终点却有灾难在等待着。这条路的另一个岔路——一条很少人走的岔路，为我们提供了最后唯一的机会，让我们保住我们的地球。

——［美］蕾切尔·卡森《寂静的春天》（吕瑞兰，李长生 译）

国际气候变化专家调查组首次正式表明，过去50年中的全球变暖现象很可

《寂静的春天》是美国科普作家蕾切尔·卡逊创作的科普读物，首次出版于1962年

能是由大气中的温室气体聚集造成的，人类而非自然是全球变暖的原因。

——《新华网》文章《美国〈科学〉杂志
评出"2001年十大科技突破"》

发现全球变暖影响地球及其生物的新证据。多项研究报告找到冰雪融化、干旱、植物生产率下降、动植物习性改变等与全球变暖的关联。

——东方网-文汇报文章《美国〈科学〉杂志：
评走过2003年的科技十大突破》

我们现在目睹的情况表明，气候变化已失控。如果我们拖延采取必要的关键措施，那么我们就面临走向灾难的局面。

——[葡萄牙]安东尼奥·古特雷斯

【植物之最】全球变暖最主要的原因

远古植物生成的煤炭、石油、天然气成了当今工业革命的动力之源，也成了当今全球变暖的主因。

人物简介

李商隐（约813—约858）　晚唐著名诗人。在《唐诗三百首》中，李商隐的诗作占22首，数量位列第四。

艾伯特·施韦策（Albert Schweitzer）　法国哲学家、音乐家、医生。

安东尼奥·古特雷斯（António Guterres）　联合国秘书长。

11 耐旱植物

　　植物耗水量大于吸水量时，植物组织内会发生过度水分缺乏。干旱分为大气干旱和土壤干旱，长期的大气干旱会引起土壤干旱。土壤干旱会引起植物生长困难或完全停止。

眼见风来沙旋移，经年不省草生时。

————唐·李益《度破讷沙二首·其二》

无限旱苗枯欲尽，悠悠闲处作奇峰。

————唐·来鹄《云》

赤日炎炎似火烧，野田禾稻半枯焦。

————明·施耐庵《水浒传》

青海城边秋草稀，黄沙碛里夜云飞。

————明·谢榛《塞下曲》

寸草不生的吐鲁番火焰山，年降水量只有16毫米，而蒸发量可达到3 000毫米

瓶子树一种像瓶子一样的树这种外型有利于抵抗旱季的逆境（摄于华南国家植物园）

无垠的沙漠热烈追求一叶绿草的爱，她摇摇头笑着飞开了。

——［印度］罗宾德罗那特·泰戈尔《飞鸟集》

当土壤水位下降时，根能向植物体的绿色部位发出信号，植物就利用这个信号改变根系结构……植物在干旱刚发生时经常会加快根向深层土壤生长的速度，以便搜寻新的水源。

——［美］丹尼尔·查莫维茨《植物知道生命的答案》

（刘凤 译）

仙人掌住在没有水的沙漠里，只好伸出很多的手，向四方说："给我水。"

——歌谣

【植物之最】储水量最大的植物茎干

瓶子树（*Cavanillesia arborea*）树干上、下部细，中间膨大，最粗处直径可达数米，形状像纺锤。瓶子树在旱季来临时落叶，雨季时长叶，依靠雨季树干中储藏的水分度过旱季。单株瓶子树树干内储水可达两吨，是储水本领最大的树。

人物简介

李益（746—829） 唐代诗人。代表作品有《塞下曲》《夜上受降城闻笛》。

来鹄（?—883） 即来鹏（《全唐诗》作来鹄），唐代诗人。代表作品有《寒食山馆书情》。

谢榛（1495—1575） 明代文学家。代表作品有《四溟集》《四溟诗话》。

12 草原植物

　　草原主要是因为土层薄或降水量少形成的，草本植物受影响小，木本植物无法广泛生长。多年生草本植物的地上部分每年死去，而地下部分的根、根状茎及鳞茎等能生活多年。

敕勒川，阴山下。天似穹庐，笼盖四野。天苍苍，野茫茫，风吹草低见牛羊。

——南北朝·佚名《敕勒歌》

长白峰高尘漠漠，浑河水落草离离。

——明·陈子龙《辽事杂诗》

呼伦贝尔大草原，白云朵朵飘在飘在我心间，呼伦贝尔大草原，我的心爱我的思恋，我的心爱在河湾，额尔古纳河穿过那大

新疆布尔津草原成了优质牧场

草原，草原母亲我爱你。

——克明《呼伦贝尔大草原》

没有花香，没有树高，我是一棵无人知道的小草。从不寂寞，从不烦恼，你看我的伙伴遍及天涯海角。

——向彤，何兆华《小草》

【植物之最】我国面积最大的草原

呼伦贝尔草原位于内蒙古自治区东北部，地处大兴安岭以西的呼伦贝尔高原上，因呼伦湖、贝尔湖而得名，总面积1.49亿亩，其中可利用草场面积833.33万公顷。呼伦贝尔草原是世界四大草原之一。

人物简介

陈子龙（1608—1647）　明末文学家。曾主编《皇明经世文编》，著有词集《江蓠槛》《湘真阁存稿》，文集《安雅堂稿》等。

克明　蒙古族，词作家。代表词作品有《阿里河哟母亲河》《草原在哪里》《呼伦贝尔大草原》等300余首。

13 水生植物

生长在水里的植物，叶子柔软而透明，有的形成丝状叶。丝状叶能最大限度地取得光照，利用水里溶解的二氧化碳，可以进行光合作用。

碱蓬

元阳梯田

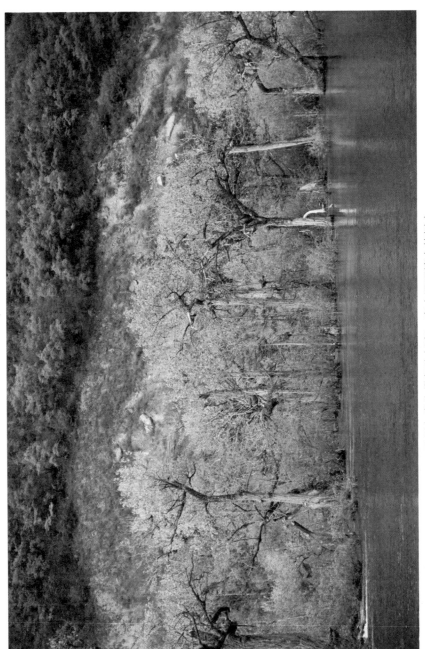

四川九寨沟常年生长在一定水深环境中的树木

浮萍寄清水，随风东西流。

——东汉·曹植《浮萍篇》

长江春水绿堪染，莲叶出水大如钱。

——唐·张籍《春别曲》

四顾山光接水光，凭栏十里芰荷香。

——宋·黄庭坚《鄂州南楼书事》

水边杨柳绿丝垂，倒影奇峰坠。

——元·王恽《越调·平湖乐》

忽闻疏雨打新荷，有梦都惊破。

——元·盍西村《越调·小桃红·临川八景·莲塘雨声》

【植物之最】分布区域最广的植物

有些植物遍布世界各地，这叫世界种。它们多是盐生植物，如盐角草（*Salicornia europaea*）、碱蓬（*Suaeda glauca*）；淡水水生植物，如芦苇（*Phragmites australis*）、香蒲（*Typha orientalis*）。

人物简介

曹植（192—232）　三国时期魏国诗人，建安文学的代表人物。其代表作品有《洛神赋》《白马篇》《七哀诗》等。

张籍（约766—约830）　唐代诗人。代表作品有《秋思》《节妇吟》《野老歌》等。

黄庭坚（1045—1105）　北宋诗人、词人、书法家。主要作品有《山谷词》。

14 耐盐碱植物

盐土中氯化钠和硫酸钠含量高，碱土中碳酸钠和碳酸氢钠含量高。土壤中含盐量在0.2%～0.5%时，不利于植物生长；土壤含盐碱高时，对植物会造成伤害。碱蓬（*Suaeda glauca*）和盐角草是盐生植物，它们可以从高盐土壤中取得水分。

那里，泛着盐花的碱地一望无际，灿烂的阳光温暖着乡亲的脊背，源源流淌的德惠河水，滋养着这里的祖祖辈辈。

——王桂兰《盐碱地的记忆》

财富就像海水：饮得越多，渴得越厉害。

——［德］亚瑟·叔本华

辽宁省盘锦市碱蓬生成的红海滩

木麻黄（*Casuarina equisetifolia*）是中国沿海唯一的乔木或灌木。
一般10级以下台风仍能挺立如初，是一种优良的沿海防护林树种

【植物之最】 最耐盐碱的植物

盐角草（*Salicornia europaea*）摄取的盐分主要集中在茎节间皮层的大薄壁细胞中，盐角草在3%～5%氯化钠盐水灌溉区生长最快，并可以在3倍海水盐分浓度的环境中生长。

人物简介

亚瑟·叔本华（Arthur Schopenhauer，1788—1860） 德国著名哲学家。他是哲学史上第一个公开反对理性主义哲学的人并开创了非理性主义哲学的先河，也是唯意志论的创始人和主要代表之一，认为生命意志是主宰世界运作的力量。代表作品有《作为意志和表象的世界》《附录和补遗》。

亚瑟·叔本华

15 耐寒植物

0℃以上低温对植物的损害叫低温冷害。冷害使植物生理活动发生障碍，严重时某些组织遭到破坏。0℃以下的低温使植物体内结冰，对植物造成的伤害就是冻害。

寒风摧树木，严霜结庭兰。

——汉·佚名《孔雀东南飞》

吉林省松花江雾凇岛雾凇，这里的树木耐寒冷

寒天草木黄落尽，犹自青青君始知。

——唐·岑参《范公丛竹歌》

边地春不足，十里见一花。

——唐·孟郊《邀花伴》

人物简介

孟郊（751—814） 唐代诗人。代表作品有《游子吟》。今传本《孟东野诗集》10卷。

16 高山植物

　　高山植物一般体积矮小，茎叶多毛，有的还匍匐生长或者像垫子一样铺在地上。在海拔 4 800 ～ 5 500 米的高山寒冻风化带生长有雪莲花（*Saussurea involucrata*），它的茎、叶密生厚厚的白色茸毛。

西藏日喀则一处雪山上几乎寸草不生

高山峻原，不生草木。

——《国语·晋语九》

高山之巅无美木，伤于多阳也。
大树之下无美草，伤于多阴也。

——汉·刘向《说苑·谈丛》

那是地球最高的地方，圣山下是泉水，圣山上是蓝天……那
里每一块石头都有灵魂，每一棵草都能长成仙子，那里曾经是一
个女孩唱过的歌，清澈的湖泊是眼泪，滴在离天堂最近的地方。

——杨克《听朋友谈西藏》

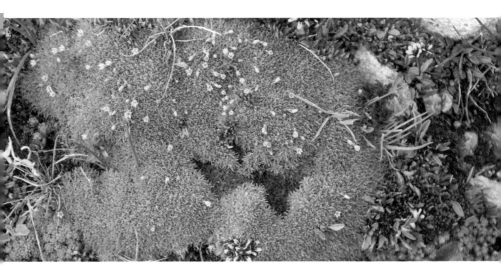

西藏拉姆拉措海拔 5 000 米处生长的垫状植物

西藏拉姆拉措海拔 5 000 米处生长的开花植物

西藏拉姆拉措海拔 5 000 米处生长的植物

人物简介

　　杨克（1957—）　中国当代诗人。代表作品有《陌生的十字路口》《笨拙的手指》《杨克诗歌集》《有关与无关》等。

17 极地植物

　　高纬度地带常年低温，生长有低矮的草本植物、苔藓、地衣。北极和北半球亚寒带的植物多为灌木，草本有苔草和禾本科植物。格陵兰岛上的雪衣藻、黏球藻将雪地染成红色。

距离北极400千米，北纬62°加拿大耶洛奈夫的树木极耐寒冷

　　地白风色寒，雪花大如手。

——唐·李白《嘲王历阳不肯饮酒》

　　水杉斯时乃特立，凌霄巨木环北极。
　　虬枝铁干逾十围，肯与群株计寻尺。
　　极方季节惟春冬，春日不落万卉荣。
　　半载昏昏黯长夜，空张极焰光朦胧。

——胡先骕《水杉歌》

18 树　　荫

树荫是树下不见阳光的地方，人们可在树荫下乘凉。

独木成林的榕树可供很多人前来乘凉

松盖环清韵，榕根架绿阴。

　　——唐·许浑《岁暮自广江至新兴往复中题峡山寺四首》

甘子阴凉叶，茅斋八九椽。

　　——唐·杜甫《秋日夔府咏怀奉寄郑监李宾客一百韵》

如今人早晨栽下树，到晚来要阴凉。

　　　　——元·马致远《岳阳楼》第一折

前人栽树，后人乘凉。

　　　　——明·胡文焕《群音类选·清腔类·桂枝香》

只见院中早把乘凉枕榻设下。

　　——清·曹雪芹《红楼梦》

树木慢慢成长，为我们的子孙带来荫凉。

　　——〔英〕约翰·伊夫林

　　　　《森林志》

果实的事业是尊贵的，花的事业是甜美的；但是让我做叶的事业吧，叶是谦逊的、专心的、垂着绿荫的。

……

他乡村的家坐落在荒凉的土地边上，在甘蔗田的后面，躲藏在香蕉树、瘦长的槟榔树、椰子树和深绿色的贾克果树的阴影里。

　　——〔印度〕罗宾德罗那特·

　　　　泰戈尔《泰戈尔诗选》

　　　　（郑振铎，王立 译）

法国梧桐

【植物之最】冠幅最大的树木

1782年，印度加尔各答一个植物园中栽种着一株榕树，树冠面积1.2公顷，可供2万余人乘凉，有1775个气生根，平均直径为1.31米。因此，榕树可"独木成林"。

印度大榕树

人物简介

马致远　著名戏曲家、散曲家，被后人誉为"马神仙"，还有"曲状元"之称，与关汉卿、郑光祖、白朴并称"元曲四大家"。

胡文焕　明文学家、藏书家、刻书家。著有《文会堂琴谱》《古器具名》《胡氏粹编》《诗学汇选》《文会堂诗韵》《文会堂词韵》等。《四库总目》盛传于世。

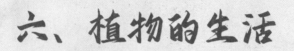

六、植物的生活

01 安东尼·范·列文虎克的微观世界

荷兰显微镜学家安东尼·范·列文虎克（Antony van Leeuwenhoek）利用磨制的放大透镜制成了简单的显微镜，其放大率达270倍。

安东尼·范·列文虎克

"DX-2"型电子显微镜（摄于中国农业博物馆）

人莫不忽于微细，以致其大。

——宋·范晔《后汉书·桓荣丁鸿列传》

不轻信任何人之言——印在《显微图谱》封面上的胡克座右铭。

——［英］朱迪丝·马吉《博物学家的传世名作：

来自伦敦自然博物馆的博物志典藏》（吴宝俊，舒庆艳 译）

在显微镜的帮助下，再小的事物也难逃我们的双眼，一个新的可视世界已经出现，正等待着人们去了解。

——［英］罗伯特·胡克《显微图谱》

（明冠华，李春丽 译）

【植物之最】细胞的发现

1665年，英国物理学家罗伯特·胡克（Robert Hooke）制成第一台显微镜，他把软木切成薄片，在显微镜下发现软木是由蜂窝状的小空洞组成的，他把这种蜂窝状的小空洞结构称作"cell"，于是细胞名词就出现了，从此人类对植物的认识也走进了细胞时代。

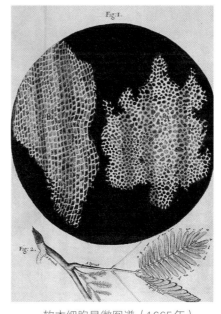

软木细胞显微图谱（1665年）

02 细胞中"闹市"

　　细胞一词最早出现在日本兰学家宇田川榕庵1834年的著作《植学启原》中。植物细胞由原生质体和细胞壁两部分组成。原生质体包括细胞壁内一切物质,主要有细胞质和细胞核,在细胞质或细胞核中还有若干不同的细胞器。

　　细胞是一切植物的基本构造;细胞不仅本身是独立的生命,而且是植物体生命的一部分,并维系着整个植物体的生命。

—— [德] 马蒂亚斯·雅各布·施莱登

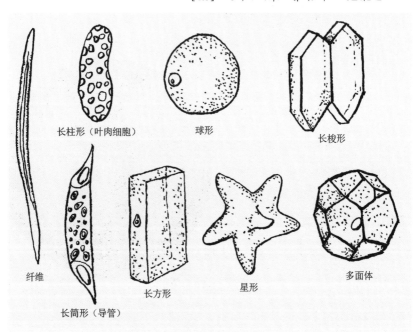

长柱形（叶肉细胞）　　球形　　长梭形

纤维　　长筒形（导管）　　长方形　　星形　　多面体

细胞形状

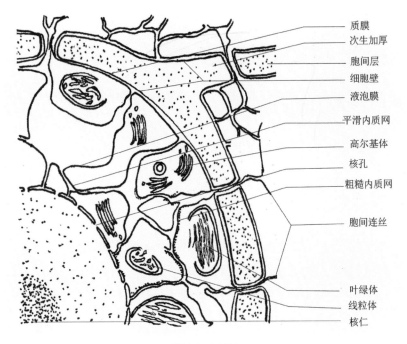

质膜
次生加厚
胞间层
细胞壁
液泡膜
平滑内质网
高尔基体
核孔
粗糙内质网
胞间连丝
叶绿体
线粒体
核仁

植物细胞结构

现在，我们已推倒了分割动植物界的巨大屏障。

——[德] 西奥多·施旺（Theodor Schwann）

一切植物、动物都是由细胞组成的，细胞是一切动植物的基本单位。

——[德] 马蒂亚斯·雅各布·施莱登，[德] 西奥多·施旺

（傅临春 译）

所有的细胞都来源于先前存在的细胞。

——[德] 鲁道夫·魏尔肖

细胞是所有生物的构造单位，生物体是由细胞及其产物所组成，细胞是决定生物生长和分化发育的重要单位。

——[法] 迪特罗谢（R.J.Henri Dutrochet）

【植物之最】细胞最小的生物

各种细胞的大小相差悬殊，高等植物细胞大小在10微米～10毫米。支原体为目前发现最小的原核生物。它是由Nocard等发现的一种类似细菌但不具有细胞壁的原核微生物。

人物简介

马蒂亚斯·雅各布·施莱登（Matthias Jakob Schleiden，1804—1881）德国植物学家，细胞学说的创立者之一。1838年，他发表了著名的《植物发生论》。

鲁道夫·魏尔肖（Rudolf Virchow，1821—1902）德国病理学家，著有《细胞病理学》，被誉为"病理学之父"。

迪特罗谢（R.J.Henri Dutrochet，1776—1847）法国生理学家，著有《对动植物内部结构的解剖学和生理学及其活力的研究》。

马蒂亚斯·施莱登

03 植物光合作用

　　植物在可见光的照射下，将二氧化碳和水转化为有机物，将光能转化成化学能储存在有机物中，并释放出氧气。光合作用是地球上生命存在、发展的源泉。

　　光对植物来说绝不仅仅是信号，光还是食物。

　　　　　　—— [美] 丹尼尔·查莫维茨《植物知道生命的答案》

　　　　　　　　　　　　　　　　　　　　　　　　（刘凤 译）

　　通过神奇的光合作用，阳光中的能量被转化成人类所需的物质——食品、衣物、住所、燃料、香水、药品以及不得不提的氧气。

　　　　　　—— [美] 凯瑟琳·赫伯特·豪威尔，等《植物传奇：

　　　　　　　　改变世界的27种植物》（明冠华，李春丽 译）

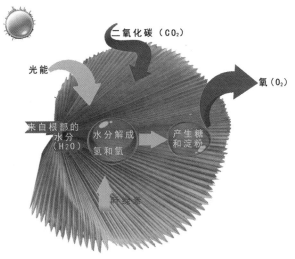

苏玛旺氏轴榈（*Licuala peltata var. sumawongii*）光合作用示意图

植物的首要任务是把它的"太阳能板"叶片安装在最有机会接受光照的位置。这个太阳能板的架构十分微妙且复杂。

——［英］马克斯·亚当斯《树的智慧》(林金源 译)

我们能够站在这里要归功于海藻。当这个世界还没有成熟时，这些微小的蓝绿藻和其他海藻长年累月地将大气中的二氧化碳转化成氧气，并最终使大气含氧量增加至如今的水平。现在这一水平被打破，此时，又是海藻挺身而出再次帮助我们的时候了。

——［日］能登谷正浩（雷倩萍，刘青 译）

【植物之最】叶绿素的发现

1818年，法国化学家皮埃尔-约瑟夫·佩尔蒂埃（Pierre-Joseph Pelletier）和约瑟夫·比奈梅·卡文图（Joseph Bienaime Caventou）首先提出"叶绿素"概念。1906年，德国化学家理查德·梅尔廷·维尔斯泰特（Richard Martin Villstätter）采用色层分离法提取绿叶中的物质。经过10年的努力，他用成吨的绿叶捕捉到了叶中的叶绿素。

皮埃尔-约瑟夫·佩
尔蒂埃

理查德·梅尔廷·维
尔斯泰特

04 植物呼吸作用

生物体内的有机物在细胞内经过一系列的氧化分解，最终生成二氧化碳或其他产物，并且释放出能量。

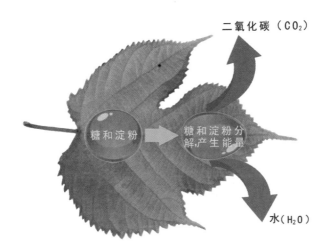

构树呼吸示意图

呼吸吐纳，全身养精。

——唐·卢照邻《悲人生》

死……只是忘记呼吸而已……

……

我陷在你不经意的笑里、连呼吸都是甜蜜……

——引自《至理名言网》

【植物之最】植物呼吸作用的发现

1937年，英国生物化学家汉斯·阿道夫·克雷布斯（Hans Adolf Krebs）发现三羧酸循环。三羧酸循环是需氧生物体内普遍存在的代谢途径。三羧酸循环是糖类、脂类、氨基酸的最终代谢通路，又是糖类、脂类、氨基酸彼此转换的枢纽。

人物简介

卢照邻　唐朝诗人。主要作品有《卢照邻集》《幽忧子》。

05 植物离不开水

　　最早的生命是在海洋中产生的。在植物生命演化过程中，水的重要性往往超过了任何一种其他物质。植物含水量约占体重的80%。水为植物输送养分，使植物枝叶保持婀娜多姿的形态；水参加光合作用，制造有机物；水的蒸发使植物保持稳定的温度，不致被太阳灼伤。

静谧

水者何也？万物之本原也。

——春秋·管仲《管子·水地》

东城干旱天，其气如焚柴。

——唐·杜甫《柴门·孤舟登瀼西》

有收无收在于水。

——农谚

【植物之最】种子发芽最快的植物

只要有一点点水，梭梭（*Haloxylon ammodendron*）的种子在 2 ～ 3 小时内就会生根发芽，这与它具有适应沙漠干旱环境的本领是分不开的。

梭梭（摄于新疆和田）

06 矿物质营养

　　植物所需的无机营养元素，因需要量不同，可分为大量元素及微量元素。大量元素包括来自水和二氧化碳的元素有碳、氧、氢和来自土壤中的氮、磷、钾、钙、镁、硫；微量元素包括氯、铁、锰、锌、铜、镍和钼。

草莓缺钙症叶部症状

草莓缺钾严重叶部症状

　　万物皆出于机，皆入于机。

　　　　　　——战国·庄子《庄子·至乐》

　　植物能感知土壤中的矿物质，可以决定某种矿物质进入植物体的量；就此而言，植物肯定知道它在干什么。

　　　　　　——［美］丹尼尔·查莫维茨
　　《植物知道生命的答案》（刘夙 译）

　　植物的生长并不依赖于营养总量的增

庄子

加，而取决于最缺乏的资源——这才是其生长的限制因素。

——［德］尤斯图斯·冯·李比希（傅临春　译）

啊！微小的女神驾着武装战车，

越过植物战争的层层阻碍。

小草、灌木和大树昂扬向上，

拼命地争夺空气和阳光，

根须则在地下逆势延伸，

艰辛地抢占着土壤和水分。

——［英］伊拉斯谟斯·达尔文《自然圣殿》

【植物之最】植物营养元素的发现

1699年，英国博物学家约翰·伍德沃德（John Woodward）展示了一组生长在不同纯净度的水中的绿薄荷（学名留香兰，*Mentha spicata*），发现生长在废水里的绿薄荷生长最好。由此认为，植物营养并不是源于水，而是源于土壤中的"颗粒"。

人物简介

尤斯图斯·冯·李比希（Justus von Liebig，1803—1873）　德国化学家，他最重要的贡献在于农业和生物化学方面，创立了有机化学。

07 植物成花昼夜节律

　　大多数一年生植物的开花决定于每日日照时间。除开花外，块根、块茎的形成，叶的脱落和芽的休眠等也受到光周期的控制。短日照植物有大豆、菊花等，长日照植物有油菜、胡萝卜等，日中性植物有黄瓜、辣椒等。

受光周期的控制虞美人（*Papaver rhoeas*）在开花

芳菲消息到，杏梢红。

——宋·贺铸《小重山》

　　如果马丽兰猛犸（一种烟草）暴露在夏天漫长的日照下，它会一直长叶，但如果它经历了人为制造的短日照，它就会开花了。这种现象就叫作光周期现象。

　　……

　　植物能够区分颜色：它们靠蓝光知道向哪个方向弯曲，靠红

黄花风铃木（*Handroanthus chrysanthus*）是长日照植物，所以3月开花（摄于北海）

光测量夜晚的长度。

……

植物是如何知道春天何时开始的呢？是光敏色素，告诉它们白天在逐渐变长。植物还要在降雪之前的秋季开花结籽。它们又如何知道秋天已至？还是光敏色素，告诉它们夜晚正在逐渐变长。

——［美］丹尼尔·查莫维茨《植物知道生命的答案》

（刘夙 译）

【植物之最】 光周期的发现

1729年，法国科学家让-雅克·奥托斯·梅朗（Jean-Jacques d'Ortous de Mairan）发现含羞草叶片在白天朝向太阳打开，而到傍晚则闭合起来。他把含羞草置于一个完全黑暗的环境下，结果显示，即便被放进了完全隔绝的环境下，含羞草依旧保持其正常的昼夜活动节奏，植物似乎拥有自己的内部时钟。

人物简介

贺铸（1052—1125） 北宋词人。代表作品有《青玉案·横塘路》《鹧鸪天·重过阊门万事非》《踏莎行·杨柳回塘》《生查子·陌上郎》《浣溪沙》《捣练子·杵声齐》《朝天子·思越人》《梅花引·小梅花》《凌歊·控沧江》《捣练子·望书归》等。

08 春化作用

　　春化作用是指一些冬性植物需要经过低温诱导才能促使植物开花的现象。这一现象主要出现在一些二年生植物和一些冬性一年生植物上。

经过低温诱导的小麦才会开花（摄于河南淅川）

　　圆荷浮小叶，细麦落轻花。

——唐·杜甫《为农》

　　20世纪20年代晚期是苏联农业的灾难年份，因为异常的暖冬毁灭了大多数冬小麦的幼苗——农民本指望靠这些麦子获得养活数千万人的收成。

　　……

很多果树只有在寒冷的冬天过去之后才开花结果，莴苣和拟南芥的种子，只有在睡个冷觉之后才会萌发。

———［美］丹尼尔·查莫维茨《植物知道生命的答案》

（刘夙 译）

【植物之最】春化作用的发现

1918年，德国植物学家加斯纳（Gassner）发现黑麦（*Secale cereale*）有冬性和春性之分。春黑麦不需要经过低温时期就可以抽穗，因此可以春播。而冬黑麦需在发芽前后经过一段 $1 \sim 2℃$ 的低温时期才能抽穗，所以必须秋播。

人物简介

卢挚　元代文学家，著有《疏斋集》（已佚）《文心选诀》《文章宗旨》，传世散曲120首。

卢　挚

09 植物克隆

在多细胞生物中，个体细胞的细胞核具有个体发育的全部基因，只要条件许可，单个细胞的细胞核都可以发育成完整的个体。

泡桐（*Paulownia elongata*）克隆

道生一，一生二，二生三，三生万物。

——老子《道德经》

亿万千百十，皆起于一。

——宋·李昉《太平御览》

一而十，十而百。百而千，千而万。

——宋·王应麟《三字经》

【植物之最】植物克隆的发现

1839年，德国动物学家施万（Schwann）提出有机体的每一个生活细胞在适宜的外部环境条件下都有独立发育的潜能。1853年 Trecul 利用离体的茎段和根段培养获得了愈伤组织。

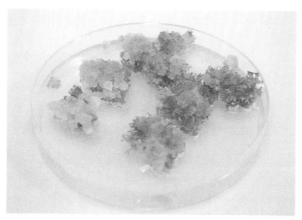

水稻愈伤组织

人物简介

李昉（925—996） 北宋文学家。他参与编写《太平御览》《文苑英华》《太平广记》，著有文集五十卷，如今已佚。

王应麟（1223—1296） 南宋著名学者、教育家、政治家。著有《三字经》《困学纪闻》《小学绀珠》《玉海》《通鉴答问》《深宁集》《诗地理考》等。

王应麟

10 植物生长

植物生长伴随着长大、长高、开花结果的过程。植物在其生命周期内一直在生长，直到植物体死亡才停止。

> 合抱之木，生于毫末。
>
> ——老子《道德经》
>
> 十围之木，始生如蘖。
>
> ——汉·班固《汉书·枚乘传》
>
> 干天之木，非旬日所长。
>
> ——晋·葛洪《抱朴子·极言》
>
> 干云蔽日之木，起于葱青。
>
> ——南朝宋·范晔《后汉书·桓荣丁鸿列传》

【植物之最】最高的树

在澳大利亚的草原上生长着一株高耸入云的巨树——杏仁桉（*Eucalyptus regnans*），高达156米。

人物简介

班固（32—92） 东汉著名史学家、文学家。撰写《汉书》，前后历时二十余年。《汉书》是继《史记》之后中国古代又一部重要史书，是"前四史"之一。

11 落　　叶

　　落叶是因为叶柄基部形成了称为离区的特殊细胞层。在落叶之前，离区中常常发生细胞分裂，形成横穿叶柄基部的一层砖状细胞。同时，离区细胞发生了活跃的代谢变化，导致细胞壁或胞间层的部分分解。

枫树叶（摄于加拿大渥太华）

银杏叶落满地，秋天来了（摄于郑州）

落去树叶的杨树（摄于河南南阳）

绕巷夹溪红，萧条逐北风。

别林遗宿鸟，浮水载鸣虫。

——唐·无可《陨叶》

听雨寒更彻，开门落叶深。

——唐·无可《秋寄从兄贾岛》

秋天树叶的颜色是特定激素配方的产物，这样设计是为了在致命剂量的脱落酸导致叶梗、叶子顺利地随风雨从枝上掉落前，吸取到最后的糖分和氮。

……

优秀的水手都知道，在危险的狂风中应当收帆——此时树木正在缩小帆面，以免被十二月致命的疾风吹倒。

——［英］马克斯·亚当斯《树的智慧》(林金源 译)

天国之风扇动树叶像扇动火焰和调谐曲调一样，但天国之风是上帝对付落叶的磨坊，在大地下界的石磨上，把它们碾成碎片，化为沃土。

——［英］戴威·赫伯特·劳伦斯《落叶》

人物简介

无可　俗名贾区。唐代诗僧，著名苦吟诗人。

戴维·赫伯特·劳伦斯（David Herbert Lawrence，1885—1930）英国小说家、批评家、诗人、画家。代表作品有《儿子与情人》《虹》《恋爱中的女人》《查泰莱夫人的情人》等。

12 植物死亡

　　植物开始衰老的一个普遍现象是生长速率下降，进一步的表现是器官的颜色变化。一个器官或整个植株的生命功能衰退，最终导致植物体自然死亡。植物与病原微生物斗争失败，就会发病，最终引发伤亡。

胡杨具有强大的生命力（袁杰摄）

　　盛之有衰，生之有死，天之分也。

——春秋·晏婴《晏子春秋》

胡杨叶片

春兰兮秋菊，长无绝兮终古。

——战国楚·屈原《九歌·礼魂》

草木秋死，松柏独在。

——汉·刘向《说苑·谈丛》

父母能生长我，不能免我于死。

——《三国志·吴书·吴范刘惇赵达传》

古树欹斜临古道，枝不生花腹生草。

行人不见树少时，树见行人几番老。

——唐·徐凝《古树》

胡杨活着一千年不死，死了一千年不倒，倒了一千年不朽。

——谚语

花和人都会遇到各种各样的不幸，但是生命的长河是无止境的。

——宗璞《紫藤萝瀑布》

一种怪病正在袭击栗树，除非全国上下一起行动，并与农业部门通力协作，否则几年之内栗树就会在这个国家灭绝。

——［美］凯瑟琳·赫伯特·豪威尔

《植物传奇：改变世界的27种植物》（明冠华，李春丽 译）

死亡不仅是自然界的指挥官，同时也是残忍的刽子手。

——［美］悉达多·穆克吉《基因传：众生之源》

（马向涛 译）

橡树需要花300年来长大，300年来休息，再300年走向死亡。

——［英］托尼·罗素等《树百科：全世界1300多种树的

彩色图鉴》（张舟娜 译）

【植物之最】寿命最长的植物

1868年，非洲西部加那利群岛的长花龙血树（*Dracaena angustifolia*）活了8 000余岁，毁于风灾。

人物简介

屈原（约公元前340—约公元前278）战国时期楚国诗人。主要作品有《离骚》《九歌》《九章》《天问》等。

徐凝　唐代诗人。代表作品有《忆扬州》《奉酬元相公上元》等。

宗璞（1928—）　原名冯钟璞，中国当代作家。代表作品有《红豆》《弦上的梦》《野葫芦引》《紫藤萝瀑布》等。

屈　原

七、植物的智慧

01 植物智慧

　　任何生命都有基于生理和心理器官的一种高级创造思维能力，包含对自然等的感知、记忆、理解、分析、判断、升华等能力。

　　种子的生存策略变化多端，它的形状和大小适应了地球上栖息地的细微差别。

　　——［美］索尔·汉森《种子的胜利：谷物、坚果、果仁、

　　　　豆类和核籽如何征服植物王国，塑造人类历史》

　　　　　　　　　　　　　　　　　　　　（杨婷婷 译）

　　只要考虑到植物结构的功能，我们相信不会有别的植物结构会比根的尖端更神奇……它拥有类型如此多样的感觉，拥有指导相邻部位

菟丝子极具生存智慧

运动的力量，说它像某种低等动物的脑一样活动基本不是夸大其词。

—— [英] 查尔斯·罗伯特·达尔文《植物的运动力》

（刘夙 译）

树木是有耐心的，它们会等待我们幡然醒悟，重新点燃与人类的古老盟约，为彼此的生存而携手合作。

—— [英] 马克斯·亚当斯《树的智慧》（林金源 译）

马栗树和乳香树有独特的"信号灯"，它们的花被授粉后变为红色，提示传粉者"转战"其他花朵。

—— [英] 乔纳森·德罗里《环游世界80种树》

（柳晓萍 译）

种子的极致生存技能对人类文明的进步有着重要影响。

—— [英] 罗布·克塞勒，沃尔夫冈·斯塔佩《植物王国的奇迹：生命的旅程》（明冠华 译）

每种植物都会运用它的智慧把养分提供给胚芽。就算牺牲一个器官或改变器官的样子，也要完成繁育后代的使命。

—— [法] 让·亨利·卡西米尔·法布尔

《法布尔植物记》（邢青青 译）

我们有许多事情可以向树木学习。这个充满活力、温和平静的种族，毫无保留地为我们制造出强健茁壮的本质。

—— [法] 马塞尔·普鲁斯特《追忆似水年华》

（林金源 译）

我发现，类似在人身上表现出来的心智的某些特性，在植物中也普遍存在。

——威廉·劳德尔·林德赛（1876年）

（刘夙 译）

植物的心里完全缺乏自我和超我，虽然可能具有本我，也就是心中接受感觉输入，按本能行事的无意识的部分。

——借用奥地利西格蒙德·弗洛伊德心理学术语来说（刘凤 译）

植物非但不是对周围世界漠不关心的可爱生物，反而是发展出了宝贵的智慧使其得以诞生、生存的生物，植物构成了生物世界的巨大多样性。

——《费加罗报》（范思晨 译）

雅克·达森揭开了植物神秘的面纱，展示了植物与生物沟通的能力，并将其融入另一种生命之中。

——《米格罗杂志》（范思晨 译）

问地上的植物，它们将教会你。

——《圣经·约伯记》（马向涛 译）

【植物之最】最智慧的植物

菟丝子（*Cuscuta chinensis*）是一种没有叶的寄生植物。它怎样生存呢？菟丝子依靠寄主提供水和养分生存，并根据寄主植物所产生的能量，合计出需要付出多大的入侵努力。

人物简介

西格蒙德·弗洛伊德（Sigmund Freud, 1856—1939） 奥地利精神病医师、心理学家、精神分析学派创始人，被称为"维也纳第一精神分析学派"。著有《梦的解析》《释梦》《精神分析引论》《图腾与禁忌》等。被世人誉为"精神分析之父"，20世纪最伟大的心理学家之一。

02 植物感知

植物虽然不像动物一样反应灵敏，但也是一种生命体。植物是生命体，当然是有感觉和有反应的。

感知太阳光的向日葵（摄于新疆）

更无柳絮因风起，惟有葵花向日倾。

——宋·司马光《客中初夏》

律回岁晚冰霜少，春到人间草木知。

——宋·张栻《立春偶成》

为了弥补固着生活的不足，植物必须拥有搜寻和捕捉光的本事。
……

植物没有眼睛，正如我们没有叶子。但是我们和植物都能察觉到光。

……

植物在黑暗中通常会伸长，这时它们要努力钻出土壤见到光，或是因为处于阴影下需要竭力获取未受遮蔽的光。

……

植物能看到的灼伤我们的皮肤的紫外线，看到让我们感到暖和的红外线。植物可以察觉什么时候光线暗如萤火，什么时候是正午，什么时候太阳将要落山。植物知道光线是来自左面、右面还是上面，它们知道是否有另一棵植物长过它们的头顶，遮住了本应照在自己身上的光。它们还知道周围的灯光究竟亮了多久。

……

植株会同时被向几个方向拉扯。以一个角度斜照在植物身上的阳光让它向着光线弯曲，植物弯曲的枝条中下沉的平衡石又要它笔直生长。这些常常相互冲突的信号使植物能够把自身定位到环境最佳的位置。

……

就像牛顿物理学一样。植物任何部位的位置都可以描述为作用在植株之上的几个力的矢量和，同时告诉了植物它在何处，以及要向何处生长。

——［美］丹尼尔·查莫维茨《植物知道生命的答案》（刘夙 译）

它的根紧紧束缚着她，但它总是向着太阳转动；它的外形已经改变，爱却永不改变。

——［古罗马］奥维德《变形记》（刘夙 译）

嘘，小小的植物有大大的耳朵。

——《萨拉索达先驱论坛报》（刘夙 译）

一切动物或多或少都有人的特性，一切矿物或多或少都有植物性，一切植物或多或少都有动物性。

——［法］狄德罗（范思晨 译）

【植物之最】预报天气晴雨变化

若在白天，轻轻地碰一下含羞草（*Mimosa pudica*），如果它的叶片马上闭合起来，这就是告诉你：当日的天气晴空万里。如果它的叶子闭合得缓慢，迟迟不知"害羞"，或者稍稍闭合后又恢复原状，你就可以做出判断：风雨即将临近。

含羞草（摄于海南保亭）

人物简介

司马光（1019—1086） 北宋政治家、史学家、文学家。生平著作甚多，主要《温国文正司马公文集》《稽古录》《涑水记闻》《潜虚》等。

张栻（1133—1180） 南宋初期学者、教育家。

狄德罗（Denis Diderot，1713—1784） 法国启蒙思想家、唯物主义哲学家，作家，百科全书派的代表人物。主要作品有《哲学思想录》《对自然的解释》《达朗贝和狄德罗的谈话》《关于物质和运动的哲学原理》等。

司马光

03 想办法不被吃掉

　　营养物质能够满足机体的正常生理需求，延续生命。营养物质通常由碳水化合物、脂肪、蛋白质、水等营养素构成。不同生物的营养物质来源可能是植物、动物或者其他生物。所有生命体都不希望自己被吃掉。

酸枣（*Ziziphus jujuba* var. spinosa）刺又尖又长，食客不敢妄动

皂荚（*Gleditsia sinensis*）的尖刺如利剑，前来的食客无从下口

鹤望兰（*Strelitzia reginae*）的外形使食草动物不敢轻易食用

生石花装扮成石头，以免被动物吞食

毒草杀汉马，张兵夺云旗。

——唐·李白《书怀赠南陵常赞府》

毒草自摇春寂寂，瘴云不动昼昏昏。

——陆游《得所亲广州书》

几千年驯养的红辣椒起源于原产南美洲的四个品种。在野外，它们的辣味赶走了杀害种子的真菌以及无法接受热辣味道的啮齿动物和其他哺乳动物。

——[美] 索尔·汉森《种子的胜利：谷物、坚果、果仁、豆类
和核籽如何征服植物王国，塑造人类历史》

（杨婷婷 译）

首先要划出鲜明的界限，对于所有的生物都必须这样。一个人如何区分危险的植物与那些纯属滋养性的植物？首先是咂上一口尝尝。那些不希望被吃掉的植物常常会产生出味道苦涩的生物碱。同样，那些希望被吃掉的植物——如苹果，常常在他种子周围的果肉里生产出很多的糖分。

——[美] 迈克尔·波伦《植物的欲望：植物眼中的世界》

人们总是手里拿着一根点燃的木炭和一些草状植物的叶片。他们把这些干草叶裹在一片较大的干树叶里，看上去有点儿像孩子们在五旬节时玩的鞭炮。他们用木炭点燃其中一头，然后用嘴反复吮吸另外一头。在吞云吐雾的同时，他们的身体慢慢松弛，心绪也渐渐陶醉，整个人也不再感觉到疲惫。这些"鞭炮"被当地人称为"tabaco"。

——[西班牙] 拉斯·卡萨斯《印第安人史》

眼睛觉得厌恶，鼻子觉得憎恨，大脑认为有害，肺觉得危险，恶臭的黑烟仿佛无底深渊中的恐怖烟雾。

——[英] 詹姆斯一世《抨击烟草》

【植物之最】 对动物具有致命危险的植物

对动物具有致命危险的植物有蓖麻（*Ricinus communis*）、白蛇根草（*Euparorium rugosum*）、巨型猪笼草（*Nepenthes attenboroughii*）、舟形乌头（*Acorllkum napellus*）、水毒芹（*Cjcuca doaglnsj*）、坏女人花（*Cnidoscolus angustins*）、捕蝇草（*Dionaea muscipula*）、夹竹桃（*Nerium oleander*）、弯距狸藻（*Utricularia vulgaris*）、曼陀罗（*Datura stramonium*）等。

曼陀罗（*Datura stramonium*）是一种有毒植物（摄于贵州）

人物简介

托马斯·西德纳姆（Thomas Sydenham，1624—1689）　英国医生、临床医学的奠基人。

詹姆斯一世（James Stuart，1566—1625）　苏格兰、英格兰及爱尔兰国王。

拉斯·卡萨斯（Bartolomé de Las Casas，1474—1566）　西班牙天主教神甫、历史学家。

04 植物生存本领

只要你在生活，只要你还存在，你就在生存。所有生物的生存都需要具有一定的手段和相应的本领。

北京世界园艺博览会花海娇艳的外貌，使人们更乐意种植它，还会精心养护

花枝草蔓眼中开，小白长红越女腮。

——唐·李贺《南园十三首》

高高下下天成景，密密疏疏自在花。

——宋·陆游《题留园》

亭亭玉树临风立，冉冉香莲带露开。

——清·曹雪芹《红楼梦》

桃树、杏树、梨树，你不让我，我不让你，都开满了花赶趟

儿。红的像火，粉的像霞，白的像雪。花里带着甜味，闭了眼，树上仿佛已经满是桃儿、杏儿、梨儿。花下成千成百的蜜蜂嗡嗡地闹着，大小的蝴蝶飞来飞去。

——朱自清《春》

一朵孤芳自赏的花只是美丽，一片互相依恃着而怒放的锦绣才是灿烂。

——席慕蓉《再会》

旅行家就应该是一个植物学家，因为旅途中最主要的风景就是植物。

——[英] 查尔斯·罗伯特·达尔文《比格尔号航海日记》
（明冠华，李春丽 译）

自然选择学说的难点与异议：花之所以美丽，果实之所以鲜美，并不是为了迎合人的审美。生物最初的结构完全是有利于自身的生存而被选择。

——[英] 查尔斯·罗伯特·达尔文《物种起源》
（钱逊 译）

《艾希施泰特花园》是有史以来正式出版的最精美的花卉集。

……

《草药通志》是约翰·杰拉德保存知识的途径，就算花园不复存在，也可为世人留下花园里曾拥有的一切。

……

《十二月之花》这部绘画插图名录在18世纪末引领了一股花艺设计、园林花卉和插画园艺的出版风潮。

——[英] 朱迪丝·马吉《博物学家的传世名作：
来自伦敦自然博物馆的博物志典藏》
（吴宝俊，舒庆艳 译）

美貌比金银更容易引起歹心。

——［英］威廉·莎士比亚《皆大欢喜》

一定是万能的上帝建造了花园，它是人类最纯粹的欢愉所在。

——［英］弗朗西斯·培根《论花园》（明冠华，李春丽 译）

植物世界中也在不断地上演着植物华丽变身的故事。

——［法］让·亨利·卡西米尔·法布尔《法布尔植物记》

（邢青青 译）

用植物来装点大地令人赏心悦目，就像在布满刺绣的袍子上点缀稀有且昂贵的珠宝一样，还有什么比这更加令人愉悦的吗？

——［英］约翰·杰勒德《植物志》（明冠华，李春丽 译）

千百年来，我们赋予人类无数吟咏比喻的主题，我们赋予他们所有的喻意。事实上，如果没有我们，诗歌就不可能存在。

——［美］凯瑟琳·赫伯物·豪威尔《植物传奇：
改变世界的27种植物》（明冠华，李春丽 译）

我渐渐地结束了这种对植物所进行的细微观察，开始品味周围的一切景致，品味所有植物给我留下的整体印象，这种印象同列举植物名字一样都能使我快乐，且更为感人一些。

——［法］让-雅克·卢梭（范思晨 译）

【植物之最】四大行道树及五大庭院树木

世界四大行道树分别是二球悬铃木（*Platanus acerifolia*）、椴树（*Tilia tuan*）、七叶树（*Aesculus chinensis*）和榆树（*Ulmus pumila*）。世界五大庭院树木分别是金松（*Sciadopitys verticillata*）、雪松（*Cedrus deodara*）、异叶南洋杉（*Araucaria heterophylla*）、金钱松（*Pseudolarix amabilis*）和巨杉（*Sequoiadendron giganteum*）。它们均因优美的树形或树冠而著称。

南京梧桐大道的法国梧桐其实是二球悬铃木，还有一个名字叫英国梧桐

人物简介

李贺（790—816） 唐朝中期浪漫主义诗人，与诗仙李白、李商隐称为"唐代三李"。《李凭箜篌引》入选人民教育出版社出版的《高中语文选修 中国古代诗歌散文欣赏》。

朱自清（1898—1948） 现代杰出的散文家、诗人、学者。出版了《背影》《欧游杂记》《伦敦杂记》《你我》。

席慕蓉（1943—） 全名穆伦·席连勃，当代画家、诗人、散文家。《七里香》《无怨的青春》《一棵开花的树》等诗篇脍炙人口。

弗朗西斯·培根（Francis Bacon, 1561—1626） 英国文艺复兴时期散文家、哲学家。英国唯物主义和现代实验科学的创始人，是近代归纳法的创始人。主要作品有《新工具》《论科学的价值和发展》《新大西岛》等。

弗朗西斯·培根

约翰·杰勒德（John Gerard, 1545—1612） 文艺复兴时期的英国医生，他掌握广泛的草木知识。

约翰·杰勒德

参考文献

巴罗, 2018. 花草物语: 传情植物 [M]. 袁俊生, 译. 重庆: 重庆大学出版社.

柏格森, 2019. 创造进化论 [M]. 刘霞, 译. 天津: 天津人民出版社.

鲍比克, 巴拉班, 博克, 2021. 探秘生物世界 [M]. 庄星来, 译. 上海: 上海科学技术文献出版社.

比尔, 2018. 嘭! 大自然超有趣 [M]. 林洁盈, 译. 昆明: 云南美术出版社.

波伦, 2005. 植物的欲望: 植物眼中的世界 [M]. 王毅, 译. 上海: 上海人民出版社.

查莫维茨, 2014. 植物知道生命的答案 [M]. 刘夙, 译. 武汉: 长江文艺出版社.

陈文盛, 2019. 基因前传: 从孟德尔到双螺旋 [M]. 北京: 北京时代文化书局.

达尔文, 2011. 物种起源 [M]. 钱逊, 译. 南京: 江苏人民出版社.

德罗里, 2019. 环游世界 80 种树 [M]. 柳晓萍, 译. 武汉: 华中科技大学出版社.

法布尔, 2012. 法布尔植物记 [M]. 邢青青, 译. 北京: 北京联合出版公司.

汉森, 2017. 种子的胜利: 谷物、坚果、果仁、豆类和核籽如何征服植物王国, 塑造人类历史 [M]. 杨婷婷, 译. 北京: 中信出版社.

豪威尔, 雷文, 2018. 植物传奇: 改变世界的27种植物 [M]. 明冠华, 李春丽, 译. 北京: 人民邮电出版社.

卡森, 2008. 寂静的春天 [M]. 吕瑞兰, 李长生, 译. 上海: 上海译文出版社.

康德, 1972. 宇宙发展史概论 [M]. 上海外国自然科学哲学著作编译组, 译. 上海: 上海人民出版社.

康德, 2002. 判断力批判 [M]. 邓晓芒, 译. 北京: 人民出版社.

克雷斯, 舍伍德, 2019. 植物进化的艺术 (典藏版)[M]. 陈伟, 译. 北京: 北京科学技术出版社.

克塞勒, 斯塔佩, 2015. 植物王国的奇迹: 生命的旅程 [M]. 明冠华, 译. 北京: 人民邮电出版社.

劳埃德, 2022. 影响地球的100种生物: 跨越40亿年的生命阶梯 [M]. 雷倩萍, 刘青, 译. 北京: 中国友谊出版公司.

劳斯, 2015. 改变历史进程的50种植物 [M]. 高萍, 译. 青岛: 青岛出版社.

马吉, 2018. 博物学家的传世名作: 来自伦敦自然博物馆的博物志典藏 [M]. 吴宝俊, 舒庆艳, 译. 北京: 化学工业出版社.

托比·马斯格雷夫, 加德纳, 威尔·马斯格雷夫, 2005. 植物猎人 [M]. 杨春丽, 袁瑀, 译. 广州: 希望出版社.

迈克尔·C.杰拉尔德, 格洛丽亚·E.杰拉尔德, 2017. 生物学之书 [M]. 傅临春, 译. 重庆: 重庆大学出版社.

美国迪亚格雷集团, 2019. 起源与进化 [M]. 胡煜成, 等, 译. 上海: 上海科学技术文献出版社.

穆克吉, 2018. 基因传: 贝生之源 [M]. 马向涛, 译. 北京: 中信出版社.

泰戈尔, 2021. 泰戈尔诗选 [M]. 郑振铎, 王立, 译. 南京: 译林出版社.

沃伦, 2019. 餐桌植物简史: 蔬果、谷物和香料的栽培与演变 [M]. 陈莹婷, 译. 北京: 商务印书馆.

沃特金斯, 2017. 人与树: 一部社会文化史 [M]. 王扬, 译. 北京: 中国友谊出版公司.

亚当斯, 2017. 树的智慧 [M]. 林金源, 译. 北京: 新星出版社.

英国DK出版社, 2020. DK植物大百科 [M]. 刘夙, 李佳, 译. 北京: 北京科学技术出版社.

图书在版编目（CIP）数据

植物盛宴：世界名人说植物/侯元凯，周娟，胡桂玲编著.—北京：中国农业出版社，2024.6
ISBN 978-7-109-31722-2

Ⅰ.①植… Ⅱ.①侯… ②周… ③胡… Ⅲ.①植物—少儿读物 Ⅳ.①Q94-49

中国国家版本馆CIP数据核字（2024）第014201号

植物盛宴：世界名人说植物
ZHIWU SHENGYAN: SHIJIE MINGREN SHUO ZHIWU

中国农业出版社出版
地址：北京市朝阳区麦子店街18号楼
邮编：100125
策划编辑：郭晨茜
责任编辑：郭晨茜 谢志新
版式设计：王 晨 责任校对：吴丽婷 责任印制：王 宏
印刷：北京缤索印刷有限公司
版次：2024年6月第1版
印次：2024年6月北京第1次印刷
发行：新华书店北京发行所
开本：880mm×1230mm 1/32
印张：8
字数：220千字
定价：56.00元